致密油储层压裂液返排及渗吸机理

杨　柳　孟思炜　江　昀　段永伟◎著

中国石化出版社

图书在版编目(CIP)数据

致密油储层压裂液返排及渗吸机理／杨柳等著．
—北京：中国石化出版社，2019．12
ISBN 978-7-5114-5628-1

Ⅰ．①致… Ⅱ．①杨… Ⅲ．①致密砂岩-砂岩油气藏-压裂液-研究 Ⅳ．①TE357．1

中国版本图书馆 CIP 数据核字（2019）第 299237 号

中国石化出版社出版发行
地址：北京市东城区安定门外大街 58 号
邮编：100011 电话：(010)57512500
发行部电话：(010)57512575
http://www.sinopec-press.com
E-mail:press@sinopec.com
北京科信印刷有限公司印刷
全国各地新华书店经销
*
710×1000 毫米 16 开本 10.5 印张 181 千字
2020 年 4 月第 1 版　2020 年 4 月第 1 次印刷
定价：68.00 元

前言 Preface

致密油已经在北美实现了商业开采，并由此改善了世界能源结构。我国致密油分布范围广、储量大，具有非常大的开发潜力。然而，致密油储层孔隙度、渗透率低，孔喉处于微纳米级别等多种因素，导致基质孔隙中的原油难以动用。国内外现场施工表明，致密油储层经过大规模的压裂后关井一段时间，部分油井的产量会升高，这与滞留在人工裂缝中的压裂液渗吸进入致密油储层基质孔隙并排驱原油有关。发挥致密油储层高毛细管力的优势，运用自发渗吸驱替基质孔隙中的原油对致密油储层的高效开发十分有利。

笔者长期从事非常规油气渗流力学问题等方面的研究，尤其是在致密油气和页岩油气井的压裂液返排动态方面做了大量的研究工作，并在此基础上将多年的研究成果汇编成本书。本书共分为 7 章：第 1 章介绍了致密油储层渗吸和焖井返排的研究进展；第 2 章分析了致密油赋存状态及储层特征；第 3 章对致密油储层表面弛豫率的测量方法进行了介绍；第 4 章和第 5 章重点介绍了致密油储层自发渗吸和加压渗吸实验仪器、方法及影响因素；第 6 章和第 7 章介绍了致密油储层渗吸的相关理论模型，并对焖井时间进行了优化分析。中国矿业大学(北京)杨柳参与了本书第 2 章、第 4 章和第 6 章内容的编写；中国石油勘探开发研究院江昀和孟思炜参与了本书第 3 章、第 5 章和第 7 章内容的编写；吉林油田段永伟参与了本书第 1 章和第 2 章内容的编写。中国矿业大学(北京)何满潮院士和中国地质大学(武汉)蔡建超教授为本书的编写提供了非常大的帮助，在此表示衷心的感谢。本书由国家自然科学青年基金(11702296)、中央高校基本科研业务费项目联合资助出版。

由于笔者水平有限，书中难免有疏漏和不妥之处，敬请读者批评指正。

目录 Contents

第1章　概　述

本章针对致密油储层渗吸驱油的研究进展进行综述。介绍了本书中相关的研究背景，包括致密油储层特征、致密油开发技术和致密油储层渗吸微观机理；综述了致密油储层的物性特征和渗吸排油的研究现状。

1.1　背景简介

1.1.1　致密油

致密油(Tight Oil)是致密储层中石油的简称，国内外对致密油的定义尚没有形成统一的定论。2012年，美国能源署(EIA)提出致密油是依靠水平井多级压裂技术从页岩或低渗透储层(砂岩、碳酸盐岩等)中开采出的石油。中国的学者认为致密油是以吸附态或游离态赋存于生油岩中，常与页岩、泥质粉砂岩、致密碳酸盐岩互层，是未经过大规模运移的非常规油气资源，储层一般为砂岩储层(贾承造，2012)。本研究主要采用国外学者的观点，将致密砂岩油和页岩油统称为致密油。致密油储层渗透率低于$0.1\times10^{-3}\mu m^2$，孔隙度低于10%，孔径小于$1\mu m$。

致密油在全球能源结构中扮演重要角色，在美国已经实现了商业开采，最具代表性的区块为Bakken、Eagle Ford和Barnett。截至2011年，美国的致密油开采开始扭转了美国石油产量连续24年下降的趋势。2014年，致密油产量已占到总产油量的36%，相当于我国原油的总产量。

我国的致密油资源储量丰富，主要分布于鄂尔多斯盆地长7段、四川盆地侏罗统、准噶尔盆地芦草沟组和松辽盆地扶余油层。致密油勘探发展势头良好，近年来我国新探明的石油储量中致密油占比约35%。

1.1.2　致密油开采

与常规油气藏相比，致密油藏是典型的边际资源，孔隙处于微纳米级别，物性差，主要依靠大规模的水平井多级压裂技术进行开采，开发难度大，成本高。与北美的页岩油相比，我国致密油储层存在较大差异，具体表现在地层压力低、产量衰减快、原油黏度高，强烈依赖理论和技术的创新。常规的注水方式难以将原油驱替至人工裂缝内，目前致密油的开发主要以衰竭式开采为主，采收率为8%~12%，大量的原油滞留于地层中难以动用。因此，以提高基质孔隙原油动用效率为重点的研究贯穿了致密油开发的整个过程。国内外学者尝试将地层中注入溶剂(如CO_2、N_2、烃类气等)改善原油流动性，进而提高油藏采收率，仍然处于室内实验研究阶段。

现场经验表明，致密油储层体积压裂后，焖井一段时间相比压后直接返排，可以明显地提高致密油储层的产量。焖井期间，大量滞留在地层中的压裂液在毛细管力渗吸作用下置换驱替原油，利于原油从基质孔隙中排出，从而提高了致密油储层的产量。然而，部分致密油井焖井之后，产量并没有出现明显变化。目前，压后焖井的适用性及效果尚没有形成统一的认识，焖井时间优化也有待于进一步研究。

1.1.3 致密油储层渗吸作用

储层岩石自发渗吸是非混相驱替过程，指的是岩石在毛细管力作用下自发吸入润湿相流体，并排驱孔隙中的非润湿相流体的过程。在裂缝性油藏中，自发渗吸被认为是一种非常重要的提高采收率机理(Morrow 等，1994)。国内外的学者针对渗吸采收率与毛细管力、储层参数之间关系进行了大量的实验和数值模拟工作。指出渗吸速率主要与岩石的渗透率、孔隙结构、润湿性、流体黏度、流体饱和度等。

按照自发渗吸过程中润湿相与非润湿相相对流动方向可将渗吸分为两类：同向渗吸和逆向渗吸。同向渗吸为润湿相与非润湿相流动方向相同，逆向渗吸为润湿相与非润湿相流动方向相反(图 1-1)。按照驱动力类型，可将渗吸分为加压渗吸和自发渗吸，自发渗吸指的是仅在毛细管力下的流体流动，加压渗吸指的是除了毛细管力之外还有其他的驱动力，加压同向渗吸即为传统的驱替实验。按照流体迁移机制，可将渗吸分为静态渗吸和动态渗吸，静态渗吸指的是仅在含水饱和度差驱动下的流体扩散迁移过程，逆向渗吸和加压逆向渗吸都属于静态渗吸；动态渗吸指的是除了含水饱和度差驱动下的流体扩散迁移过程之外，还有流体对流迁移过程，同向渗吸和加压同向渗吸都属于动态渗吸。

致密储层发育微-纳米孔隙，具有更高的毛细管力，水相作为润湿相可以自发的排驱孔隙中的油相，是提高致密油采收率的一个重要作用。研究发现，仅仅依靠渗吸作用可以采出30%~40%的原油。渗吸作用在低渗、裂缝性储层中作用更加明显。水在毛细管力作用下优先进入小孔中，大孔主要起到排油的作用。对于致密储层而言，孔径分布范围较大，相互连通的裂缝、大孔、小孔会发生显著的油运移现象。小孔吸水，大孔、裂缝排油是渗吸作用的重要机理。

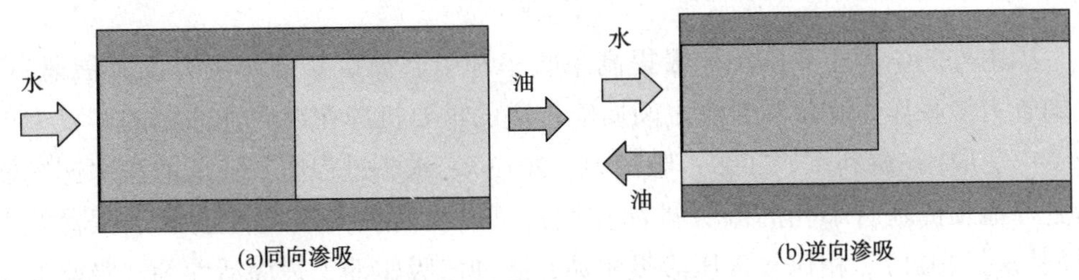

图 1-1 自发渗吸类型

1.2 岩石渗吸研究现状

通过对国内外岩石渗吸研究现状进行调研，了解岩石渗吸的实验测试方法、渗吸微观机制和渗吸规律的表征，分析目前致密油储层中渗吸研究中存在的不足，为后续研究的致密储层压裂液渗吸方面的研究工作做好基础。

1.2.1 岩石渗吸实验方法

渗吸实验往往采用两种方法来测量岩石中油水相的变化：质量法和体积法。质量法是依靠高精度的分析天平，连续称量浸没在水中的饱和油的岩样的质量变化，根据油水密度差，计算出排出油的体积；体积法是通过渗吸瓶收集排出的原油，读取瓶壁的刻度来计量排出的油的体积。由于致密油储层孔隙度低，排出的流体体积较小，质量法往往具有更高的精度。

与常规储层相比，致密储层孔隙结构复杂，渗吸规律也存在很大不同，有必要从微观尺度对渗吸过程中油水相迁移规律进行研究。近年来，国内外的学者开始借助多种手段来评价渗吸动态特征，如 CT、核磁共振、电阻率、示踪剂等(郭和琨，2011)。其中，核磁共振技术通过探测 H 原子的信号来测量流体的动态分布，T_2 谱可很好地反映不同孔隙中流体的饱和度变化(李爱芬，2015)。然而，致密岩石中油水信号区分难度较大，成像精度也达不到要求。CT 技术通过监测样品密度变化来分析流体的动态分布，然而 CT 技术难以解决样品尺寸与测试精度的矛盾。微米 CT 可对大尺寸的样品进行扫描，但精度处于微米量级；纳米 CT 虽然精度高，但是能够测量的样品尺寸太小，不利于分析。电阻率和示踪剂分析技术由于测试精度和成本方面的限制，并没有在致密储层中并没有获得广泛应用。综合来看，有必要一套适用于监测致密储层油水迁移的手段及方法。

1.2.2 岩石渗吸微观机制

国内外的学者主要围绕渗吸提高采收率和引起储层伤害两个方面开展研究。毛细管力渗吸作为基块与裂缝之间质能传递的重要机理在裂缝性油藏的开发中得到了广泛应用(游利军，2009；康毅力，2013)。水驱过程中，较低的注水速度能够更好地发挥基质小孔的渗吸排油作用，可以显著提高裂缝性油藏水驱替效果(杨胜来，2011)。相比较常压渗吸驱油，脉冲渗吸驱油、表面活性剂渗吸驱油能使更多的原油参与渗流过程，提高了低渗透油藏原油的采收率(刘向君，2008；李士奎，2007；李治平，2016)。研究发现，靠渗吸作用驱出的原油采收率占总采收率的20%(李爱芬，2011；刘慧卿，2014；岳湘安，2007；程林松，2003)。

毛细管力渗吸作用也会引起低渗储层伤害问题。钻完井过程中工作液侵入地层或气井生产中边底水侵都会导致储层含水饱和度上升，从而导致油气渗透率降低，这种现象称为水相圈闭(董波等，2012)。低渗储层孔喉细小，毛细管力高，外界水相与储层接触时，强渗吸作用使得水相侵入较深，大大加剧了水相圈闭效应(钟新荣等，2008)。此外，致密储层初始含水饱和度往往低于束缚水饱和度，即储层处于“超干”状态。一旦与水接触，就产生快速自吸，即使在负压钻进时也不可避免(康毅力等，2013)。游利军(2009)指出致密储层渗吸还会导致油气层被错判遗漏、井壁失稳等严重后果。

1.2.3 岩石渗吸特征的表征参数

岩石的渗吸曲线是利用尺寸很小的样品或者少数几个样品测的，虽然具有代表性，但是直接推广到整个油藏有一定局限性。影响致密储层渗吸的因素很多，包括储层特征(如孔隙度、渗透率)、流体特征(黏度、表面张力)和样品形状(长度、直径和截面积等)。同时，为了能够将室内实验测试结果应用于实际的储层开发，Mattax 和 Kyte(1962)提出了适用于 M-K 渗吸相似准则，将一系列的影响因素综合为无量纲时间 t_D。假设：

(1) 实验室内的样品形状与实际现场的岩体形状相似；

(2) 忽略重力的影响；

(3) 水跟油的黏度比相等；

(4) 基质孔隙内初始含水饱和度相等，周围裂缝内流体流动模式也必须相同；

（5）相渗曲线必须相同；毛细管力函数关系满足一定的比例关系。

无量纲时间可以定义为：

$$t_D = t\sqrt{\frac{k}{\phi}}\frac{\sigma}{\mu_w L^2} \tag{1-1}$$

式中 σ——表面张力，N/m；

t——渗吸时间，s；

k——渗透率，$10^{-3}\mu m^2$；

ϕ——孔隙度；

L——样品特征长度，m；

μ_w、μ_o——油相和水相黏度，mPa·s。

利用相似准则可以将实验室内测试的结果推广到油藏条件下，进而预测任意规模油藏的渗吸采油量、采收率和采油速度等，大大提高了室内实验和模型的应用价值。室内实验结果与实际储层，满足以下相似率：

$$\left[t\sqrt{\frac{k}{\phi}}\frac{\sigma}{\mu_w L^2}\right]_{Lab} = \left[t\sqrt{\frac{k}{\phi}}\frac{\sigma}{\mu_w L^2}\right]_{Reservoir} \tag{1-2}$$

针对储层岩体与实验样品，可以得到相同的采收率与t_D的关系曲线。换句话说，实验室内的样品渗吸测试可以代表储层条件下相同形状和相同岩石类型的渗吸规律。此外，在保持其他参数相同的条件下，达到相同饱和度的时间与岩石的尺寸的平方成正比。

M-K 模型只适用于相同形状的岩石，为了将几何形状和边界条件对毛细管力渗吸的影响进行归一化处理。Kazemi(1992)对岩石的形状因子给出了一个定义 F_S：

$$F_S = \frac{1}{V}\sum_{i=1}^{n}\frac{A_i}{dA_i} \tag{1-3}$$

式中 A_i——第 i 方向上的渗吸面积；

dA_i——第 i 个渗吸面到岩石中心的距离；

V——岩石的总体积；

n——渗吸面的个数。

根据形状因子可以得到特征长度：

$$L_S = \sqrt{\frac{1}{F_S}} = \sqrt{\frac{V}{\sum_{i=1}^{n}\frac{A_i}{dA_i}}} \tag{1-4}$$

可将特征长度代入 M-K 渗吸相似准则中：

$$t_D = t\sqrt{\frac{k}{\phi}}\frac{\sigma}{\mu_w L_S{}^2} \quad (1-5)$$

一般来说，室内渗吸实验样品为圆柱形，共有四种边界条件，分别为(图 1-2)：

(1) 样品表面全部皆为吸水面(All faces open-AFO)；

(2) 样品的两端面用环氧树脂封闭，柱面为吸水面(Two Ends Close-TEC)；

(3) 样品的侧面用环氧树脂封闭，两端面为吸水面(Two Ends Open-TEO)；

(4) 样品的柱面和一端面用环氧树脂封闭，留一端面为吸水面(One End Open-OEO)。

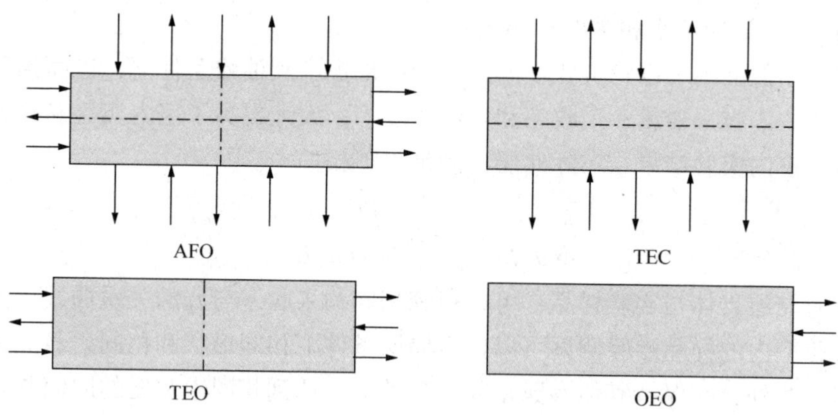

图 1-2 不同边界条件的渗吸流动

不同边界条件下，可得到不同的特征长度，见表 1-1：

表 1-1 不同边界条件下渗吸特征长度

边界条件	特征长度	边界条件	特征长度
完全开放 AFO	$\frac{rL}{2}\sqrt{\frac{1}{r^2+2L^2}}$	两端开放 TEO	$\frac{L}{2}$
柱面开放 TEC	$\frac{\sqrt{2}r}{4}$	一端开放 OEO	L

Ma 认为修正的特征长度依然在物理描述上不够完善，应将 dA_i 描述为渗吸面到不流动边界的距离，将 L_s 改成 L_c。但是，修正的 M-K 渗吸相似准则依然没有考虑油黏度对渗吸结果的影响，Ma(1995)通过实验得出，采收率与油的黏度成反比，油黏度增加，渗吸速率也会大大降低，因此在 M-K 相似准则中考虑油水黏度：

$$t_D = t\sqrt{\frac{k}{\phi}}\frac{\sigma}{\sqrt{\mu_o\mu_w}L_S^2} \tag{1-6}$$

为了进一步考虑岩石的接触角和表面张力的影响，将相似准则进一步改进为：

$$t_D = t\sqrt{\frac{k}{\phi}}\frac{\sigma\cos\theta}{\sqrt{\mu_o\mu_w}L_S^2} \tag{1-7}$$

Akin(1999)指出，在渗吸过程中，油水前缘的运动规律可以假设为活塞式，可对渗吸相似准则做如下处理：

$$\alpha = \frac{S_{wf}-S_{wi}}{L}p_c$$

$$\beta = \Delta\rho g$$

$$t_D = -\lambda^2\sqrt{\frac{K_{wf}}{\phi}}\frac{\sigma(S_{wf}-S_{wi})}{\sqrt{\mu_o\mu_w}}\frac{1}{L^2}t \tag{1-8}$$

式中，$\lambda = \dfrac{\beta}{\alpha}$；$K_{wf}$为油水前缘处的水相渗透率，$\mu m^2$。根据新的无量纲时间，可以计算得到归一化采收率为：

$$R = 1-\exp\left[-\lambda^2\sqrt{\frac{K_{wf}}{\phi}}\frac{\sigma(S_{wf}-S_{wi})}{\sqrt{\mu_o\mu_w}}\frac{1}{L^2}t\right] \tag{1-9}$$

式中，R 为归一化采收率，定义为渗吸过程中的采油量与最大渗吸采油量之比。

Zhou 等(2000)年提出，考虑油、水渗流过程中的相对渗透率，提出采用特征流度比来代替单纯的油、水黏度：

$$t_D = t\sqrt{\frac{k}{\phi}}\sqrt{\lambda_{rw}^*\lambda_{rnw}^*}\frac{1}{\sqrt{M^*}+\frac{1}{\sqrt{M^*}}}\frac{\sigma}{L^2}t \tag{1-10}$$

式中，$\lambda_r^* = k_r^*/\mu$ 为润湿相和非润湿相的特征流度，$M^* = \lambda_{rw}^*/\lambda_{rnw}^*$ 为特征流度比。

1.3 致密油研究现状

1.3.1 致密油概念与致密油分布规律

致密油是致密储层油的简称。这一概念最早出现于 20 世纪 40 年代 AAPG Bulletin 杂志中，用于描述致密砂岩中的石油。目前，国内外对于致密油的概念尚无统一定论。对于致密油的概念，国外主要由美国和加拿大学者提出。经历了以下发展阶段：①1947 年，AAPG Bulletin 杂志中定义为用于描述含油的致密砂岩；②2005 年，EIA 定义为从页岩中采出的石油；③2011 年 11 月，加拿大卡尔加里大学 Clarkson 等将非常规轻质油分为 3 类：页岩油、致密油、裙边油，这种分类方法对于准确理解致密油概念具有一定指导意义；④2012 年，美国 EIA 在《年度能源展望》报告中提出：致密油是“通过水平钻井和多段压裂技术从页岩或其他低渗透储层中开采出的石油”；目前，国外对于致密油概念的理解主要包含以下几方面：致密油、页岩油通用，指渗透率非常低、需采取特殊工艺开采的储层(页岩、砂岩、碳酸盐岩等)中的轻质油。

国内对于致密油勘探开发起步较晚，从 2010 年开始，致密油概念才得到广泛接受和采纳，对于致密油概念的理解有广义和狭义之分。广义致密油指蕴藏在具有低孔隙度和低渗透率致密含油层中的石油，这类储层的高效开发需采用水平井压裂技术，与页岩气开发类似。这一定义与国外 EIA、NPC、NRC 等机构类似。狭义致密油是指来自页岩之外的具有低孔隙度和低渗透率致密含油层中的石油资源，不包括广义致密油中的页岩油，这一定义与加拿大国家能源委员会(NEB)和加拿大非常规资源协会 CUSB 等机构提出的概念吻合。国内对于致密油概念的理解主要经历以下阶段：①2012 年，贾承造等指出：致密油主要是指与生油岩层系互层共生或紧邻的致密砂岩、致密碳酸盐岩储集层中聚集的石油资源；②2013 年 11 月，国家能源局发布的致密油地质评价方法(SY/T 6943—2013)中规定，致密油指储集在覆压基质渗透率$\leqslant 0.2\times10^{-3}\mu m^2$(空气渗透率$\leqslant 2\times10^{-3}\mu m^2$)的致密砂岩、致密碳酸盐岩等储集层中的石油，单井一般无自然产能或自然产能无法达到工业油流，但在一定经济条件和技术措施下可获得商业开采，这些措施通常包括酸化压裂、多级压裂、水平井、多分支井等。

总体而言，形成致密油藏需具备四个关键要素：①盆地/凹陷中心环境平缓(原始地形坡度$<5°$)，这是形成致密油的有利背景；②优质高效的烃源岩是形成致密油的资源基础；③大面积分布的致密储层是形成致密油的关键；④有效源储配置控制致密油分布，甜点控制富集。

相应地，致密油藏分布规律包含以下几点：

(1) 大面积连续分布，含油面积一般可达几百到几万平方公里，其构造特征不影响油气储量丰度和产量，并且“甜点”局部富集。

(2) 无明显圈闭界限，边界不明显，可存在多个油水界面和压力系统。含油饱和度主要受充注强度、储层非均质及距烃源岩距离等因素控制，一般距烃源岩越近含油饱和度越高，可油水倒置、油水同出。

(3) 盆地斜坡和坳陷中心区(或后期挤压构造的褶皱区)是致密油发育的有利区域。

(4) 主要分布层系是优质成熟烃源岩的内部或与之相邻的致密储层。

(5) 油品以轻质油或凝析油为主(部分为中质或重质油)，可动水少，地层水主要以束缚水形式赋存。

1.3.2 致密油开发现状

全球致密油资源潜力大，成为非常规石油发展的亮点，EIA 2013 年统计结果显示，全球 42 个国家技术可采致密油资源达 473×10^8t。目前，致密油资源在美国、俄罗斯和加拿大等国已经成功开发，以美国为代表，致密油资源潜力远远超出预期，通过引进页岩气开发技术，致密油勘探开发获得重大突破，产量呈现井喷式增长，美国成为全球致密油开发最多的国家。近 5 年来年均增幅达 43%，2014 年产量 2.09×10^8t，占总产量 36%，相当于我国当年原油总产量，成为影响近期国际油价变化的重要因素。美国致密油成功开发的地区包括巴肯(Bakken)、鹰滩(Eagle Ford)和巴内特(Barnett)等，年产油量约为 3600×10^4t。

储层致密特征决定了其开发必须采用储层改造技术，即通过人工手段在地层形成裂缝或裂缝网络，改善油气流渗流条件，达到有效开采的目的。美国致密油能大规模有效开发主要源于三大工程技术：水平井钻井、压裂改造和地震技术。美国非常规油气获得的“革命性突破”，推动了油气工业“二次发展”，助推“能源独立”战略实施，改变了世界能源格局。

中国致密油勘探潜力大，分布范围广，包括扬子地区、华北地台和塔里木盆地在古生代发育的富有机质海相黑色页岩以及松辽、鄂尔多斯、四川、渤海湾等中新生代盆地发育的富有机质湖相页岩、泥岩。初步评价致密油有利勘探面积 $(41\sim54)\times10^4\text{km}^2$，主要盆地致密油地质资源量 $(80\sim100)\times10^8$t，落实了 3 个 10×10^8 吨级油区，将成为重要接替资源。目前，中国致密油资源成功开发的典型代表包括鄂尔多斯盆地三叠系延长组、准噶尔盆地二叠系芦草沟组、松辽盆地白垩系青山口组—泉头组和渤海湾盆地古近系沙河街组等，致密油已成为中国非常规石油中最现实的接替资源。

但是，与北美致密油藏基本地质条件不同之处在于，中国陆相致密油具有以下四大基本地质特征：①烃源岩类型多，有机质丰度较高、变化大；②储层岩性复杂，有效储层规模小、物性差；③源储配置多样，饱和度、流体性质差异大；

④压力系数较低，高产稳产难度大、递减快。对比中国与北美致密油藏基本地质特征(表1-2)可以发现，中国致密油开发面临最大的问题是油藏压力系数低，天然能量不足，压力系数分布范围广(0.70~1.80)，但总体偏低，北美主要盆地构造稳定，以超压为主(压力系数1.35~1.80)。

表1-2 国内外主要致密油藏储层特征对比

名称	盆地	层位	有利面积/10^4km^2	岩性	厚度/m	压力系数	原油密度/(g/cm^3)
国外	Willinston	Bakken	7	白云质-泥质粉砂岩	2~20	1.35~1.58	0.80~0.83
	Texas	Eagle Ford	2	泥灰岩	30~90	1.35~1.80	0.82~0.87
国内	鄂尔多斯	延长组	5~10	粉细砂岩	10~80	0.75~0.85	0.80~0.86
	准噶尔	芦草沟组	3~5	云质粉砂岩、云质白云岩	80~200	1.10~1.60	0.87~0.92
	四川	侏罗系	4~10	粉细砂岩、介壳灰岩	10~60	1.23~1.72	0.76~0.87
	渤海湾	沙河街组	5~10	粉细砂岩、碳酸盐岩	100~200	1.53~1.80	0.75~0.78
	松辽	扶杨油层	5~10	粉细砂岩	5~30	0.97~1.06	0.78~0.87
	柴达木	第三系	1~3	泥灰岩、藻灰岩、粉砂岩	5~8	1.25~1.30	0.81~0.87
	三塘湖	二叠系	0.5~1	泥灰岩、灰质白云岩	10~100	0.70~0.90	0.75~0.85

与此同时，根据我国石油供需态势预测结果(图1-3)，可以看出，石油供需关系持续紧张，产量难以满足需求，预测石油需求缺口将进一步增大，对外依存度可能超70%。预测到2020年中国石油致密油高峰产量在1300×10^4t左右(图1-4)，致密油将成为重要接替资源，因此，致密油资源高效开发将有助于保障能源安全。

中国致密油储层压裂改造始于2011年，主要参照国外成功经验，即水平井多段压裂改造工艺。经过前期探索、试验，在多个区块已取得突破，见到了工业油气流，证明了我国致密油的可压、可产性，并在储层评估、压裂材料、改造工具、现场实施及裂缝诊断与评估等多方面取得了长足进步，初步形成了配套的工艺技术，但技术总体尚处于起步和探索阶段。在现有体积压裂改造模式下，考虑压裂液补充能量的可行性，即施工后的大液量压裂液先滞留在储层中一段时间，不但补充地层能量，还通过水油置换驱替原油，从而提高采收率，在矿场实验中取得一定效果。

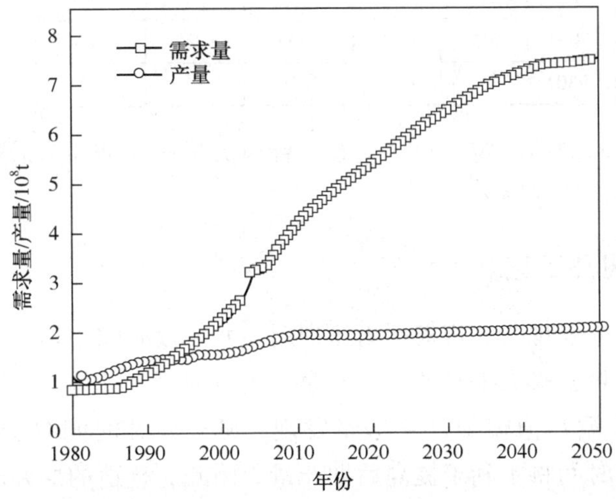

图 1-3 中国石油供需态势预测

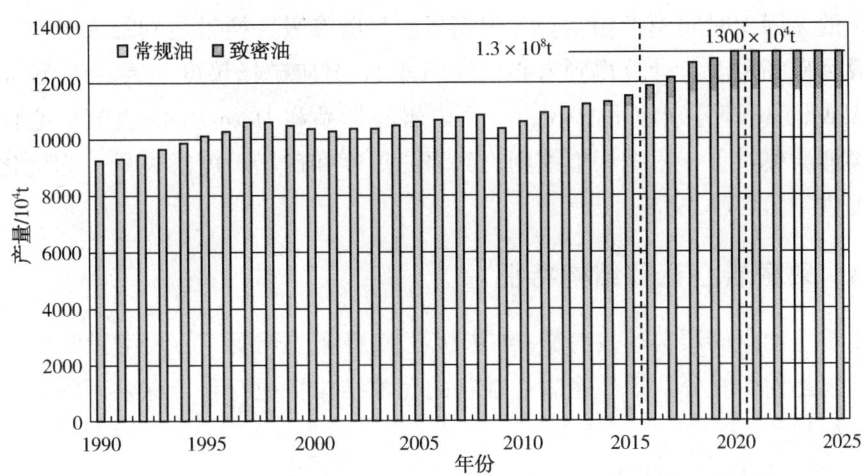

图 1-4 中国石油未来石油产量增长趋势及构成预测

以鄂尔多斯盆地 A 井区长 7 致密油藏开发为代表，2014 年，胡尖山油田安 83 区进行生产了单井注水吞吐试验，对比不返排焖井与压后直接抽汲返排措施效果(表 1-3)，结果显示：采用增大滞留液量、不返排(压后焖井一段时间)的工艺技术，相比于压后直接返排，更有利于提高致密油藏采收率。

表 1-3　安 83 长 7 致密油藏 2014 年油井体积压裂措施效果对比表

类　别	统计井数/口	入地液量/m^3	有效滞留液量/m^3	平均排液期/d	初期日增油量/t	增油≥2t 天数	增油≥1.5t 天数	措施 30t 平均单井累计增油量	措施 60t 平均单井累计增油量
压后焖井	51	1100	810	11.2	2.65	28	47	71	124
直接返排	28	930	360	12.1	2.20	22	39	63	103

虽然矿场实验取得一定效果，但是，针对大量压裂液注入后焖井多久合适这一问题，并未给出科学解答。

1.3.3　压后焖井工艺

众多学者研究发现，大规模水力压裂后关井一段时间，增大滞留液量有利于促进渗吸过程，将会极大提高油气井产量，尤其是对于水湿性储层。Ghanbari 等与 Carpenter 等根据数值模拟计算结果发现，延长焖井时间对于提高早期产能，但是过长的焖井时间将不利于提高后期产量。因此，合适的焖井时间对于充分发挥渗吸置换作用，对于非常规油气藏提高采收率至关重要。Qing 等提出了一种估算焖井时间的方法，将结合自发渗吸实验结果（Horn River 页岩岩心样品）与 Ma 等提出的无因次时间模型相结合，根据岩心尺度渗吸置换量达到最大时对应的时间折算到矿场尺度，计算得到岩心尺度焖井 1h 对应矿场尺度 3 天。Roychaudhuri 等与 Makhanov 等分别使用 Marcellus 页岩岩心样品和 Horn River 页岩岩心样品模拟压裂液滤失过程，根据相似准则得到岩心尺度和矿场尺度滤失量，为优化焖井时间提供了另一种思路。

1.3.4　致密岩心孔隙结构特征

水湿性油藏储层普遍发育微-纳米级孔隙系统，开展岩心尺度渗吸置换物理模拟实验之前，充分认识致密岩心独特的孔隙结构特征有利于深入理解致密岩心渗吸置换规律。

1）孔隙结构评价方法

致密岩心微观孔隙结构是决定其孔渗特征的重要因素，准确全面地对其进行表征具有重要意义，现有研究方法可分为定性评价方法和定量评价方法两大类。其中，定性评价方法是借助高分辨率的观测手段，研究二维/三维空间中孔隙的尺寸大小和分布特征。它是一种直接观测手段，常用方法包括光学显微镜法、场发射扫描电镜、聚焦离子束和微/纳米 CT 扫描等，研究尺度从毫米级到纳米级。

定量评价方法是根据外来流体在孔隙介质内的渗流规律，间接测量孔隙尺寸大小和分布特征。它是一种间接评价手段，常用方法包括覆压孔渗法、压汞法(高压压汞和恒速压汞)气体吸附法和核磁共振技术等，研究尺度从毫米级到纳米级。

2) 致密岩心孔隙尺寸分类

目前，现有的孔隙尺寸分类方案尚无统一标准，主要有三方面原因：第一，不同学科之间孔隙尺寸分级差异大，研究对象的差异造成了研究尺度显著不同；第二，评价方法不同造成孔隙尺寸划分结果差异显著；第三，即使评价方法一样，所选取的孔隙结构相关参数也不完全一致。

目前，应用效果较好的致密储层孔隙尺寸划分方案主要有两类：第一，IUPAC 分类方法，即孔隙尺寸可分为微孔(小于 2nm)、中孔(2~50nm)和大孔(大于 50nm)三大类；第二，Loucks 等提出的分类方案，即孔隙尺寸可分为纳米孔(小于 1.0μm)、微孔(1.0~62.5μm)和中孔(62.5μm~4.0mm)三大类。国内学者针对致密储层孔隙结构特征，结合孔隙介质中流体流动规律和一定的分析测试方法(研究尺度从毫米级到纳米级)，也提出了相应的孔隙尺寸划分方案，其中，具有代表性的是朱如凯等提出的“孔隙结构四分法”(图 1-5)：即毫米孔(大于 1.0mm)、微米孔(1~1000μm)、亚微米孔(100~1000nm)与纳米孔(2~100nm)，其中微米孔进一步细分为微米小孔(1~10μm)、微米中孔(10~62.5μm)和微米大孔(62.5~1000μm)。

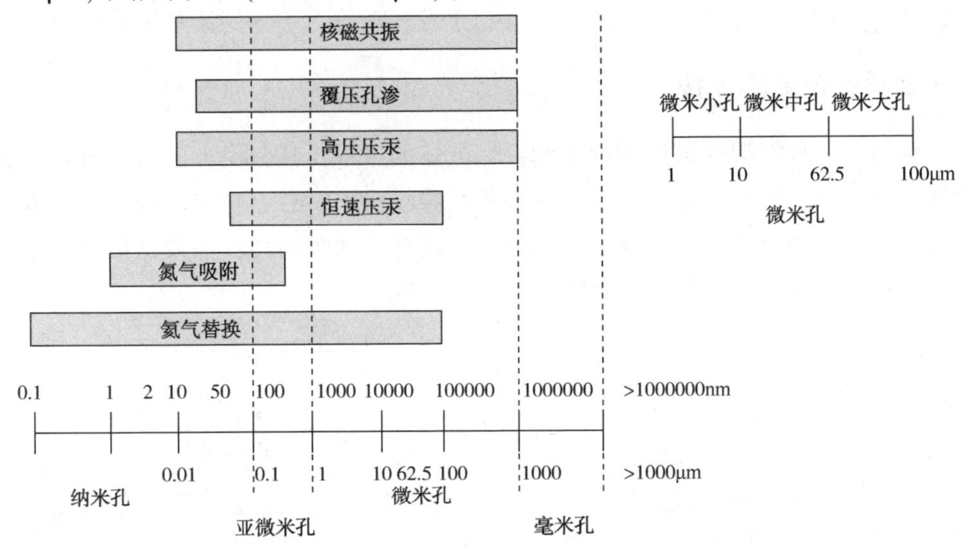

图 1-5 孔隙尺寸分类及定量评价方法

3）覆压条件下致密岩心孔隙尺寸特征

致密岩心中普遍发育微-纳米孔隙，覆压条件下孔隙半径受净压力影响显著，与之紧密相关的两种现象是气体滑脱效应和应力敏感特征。

（1）气体滑脱效应。气体滑脱效应是气体在多孔介质中发生非层流而产生的非达西效应。是否产生气体滑脱是由 Knudsen 数决定的，即气体分子的平均自由程和特征孔隙半径的比值。对于产生滑脱效应的 Knudsen 数，其具体范围仍存在分歧：一些研究人员认为发生气体滑脱效应的 Knudsen 数在 0.001～0.1，而其他学者则认为在 0.01～0.1。由于致密岩心有效孔隙半径在数值上比气体平均分子半径 10 倍还大，气体在致密岩心中的渗流过程会受到滑脱效应(即 Klingkenberg 效应)影响。由于气体滑脱现象的出现，用气体测量的渗透率不是岩石的固有渗透率，而是一种视渗透率，它是有关岩心真实渗透率、孔隙半径和平均分子自由程的函数。根据 Kingkenberg 给出的考虑气体滑脱效应的气测渗透率表达式，结合稳态法或非稳态法气测渗透率实验结果，拟合气测渗透率与平均压力倒数关系曲线，根据曲线斜率和截距可以确定克氏渗透率和滑脱因子，进而计算有效孔隙半径。

（2）应力敏感特征。随着岩心内净压力(上覆地层压力与孔隙流体压力之差)的增加，岩心受压缩导致发生部分塑性变形，引起孔喉半径减小、孔隙度和渗透率降低，即显著的应力敏感特征。实验结果显示，随着净压力增加，渗透率降低程度甚至超过 90%，孔隙半径显著降低。但是，根据毛管力计算公式可知，对于水湿性岩心而言，孔隙半径降低反而有利于发挥毛管力主导的渗吸置换作用。

1.3.5 渗吸置换规律

渗吸是一种润湿性流体置换非润湿性流体的过程，其分类方法有两种：一种是按照驱替动力划分，分为自发渗吸和强制渗吸(图 1-6)，自发渗吸过程只有毛管力作用，而强制渗吸过程除了毛管力之外还有其他驱动力；一种是按照流动方向划分，分为同向渗吸和逆向渗吸(图 1-7)。

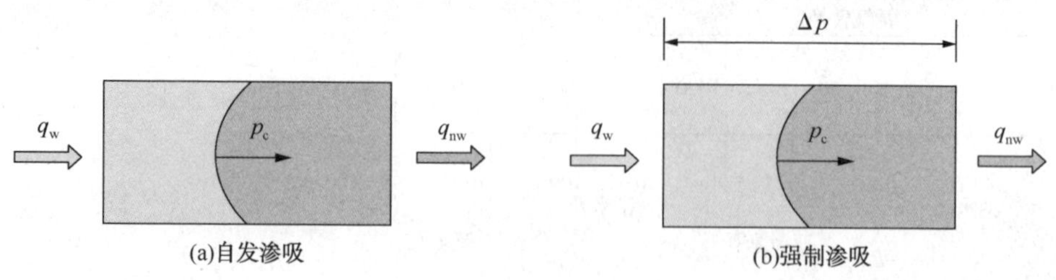

图 1-6 渗吸过程示意图

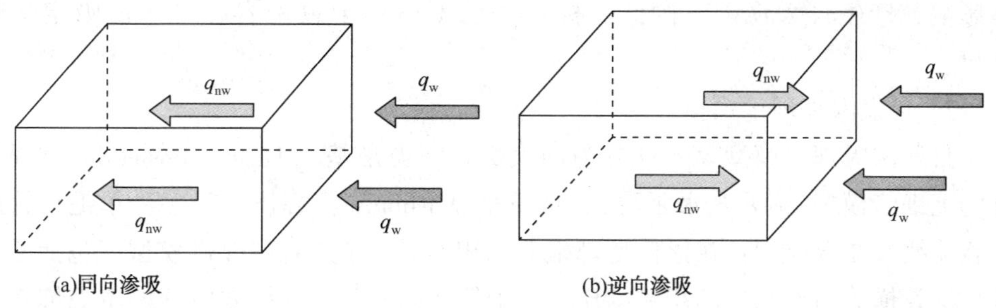

图 1-7 渗吸过程示意图

Mason 等总结了近十年来有关自发渗吸规律的研究成果并对今后其发展发展进行了预测，目前给出的描述渗吸驱油机理的实验和理论主要集中在牛顿流体在强湿性介质条件下，非润湿相初始饱和度为 100%，重力的影响可以忽略不计。在此基础上，为了更好地认识渗吸规律，应该与更复杂的实际问题相结合，包括初始含水饱和度，高度复杂的原油/盐水/岩石相互作用条件下的润湿性变化，以及重力叠加效应等。

1）自发渗吸驱油物理模拟实验

对于自发渗吸过程的理解和量化都是基于物理模拟实验结果得到的，自发渗吸驱油物理模拟实验通常在常压下进行，近十年来取得了快速的进步和发展。

实验用油通常选用界面张力为 35mN/m 的精练矿物油，并且实验前推荐清洗精练矿物油去除极性化合物，因为极性化合物与多孔介质的接触主要发生在入口端面附近，会造成污染并影响渗吸实验结果，水相通常使用一定浓度的盐水。渗吸实验中使用的岩心直径通常为 1in 或 1. 5in，相应长度为 2in 或 3in，岩心表面通过增加惰性环氧树脂密封，或者使用热缩管来改变边界条件。

渗吸置换量的确定一般使用体积法或称重法，体积法是通过观察带有刻度的毛细管液面变化来计量渗吸置换量，操作简单，计量方便，适用于中高渗岩心自发渗吸实验。但致密岩心微-纳米孔隙普遍发育，孔隙内油量有限，渗吸置换过程时间较长，部分渗吸置换的油滴会附着在岩心表面，导致测定的油相体积存在较大误差，进而影响渗吸置换效率计算结果。此外，由于毛细管承压能力有限，难以实现带压渗吸模拟。因此，体积法不适用于致密岩心带压渗吸定量化评价。称重法是将岩心浸泡在渗吸溶液中，通过高精度电子天平实时对岩心质量实时监测，通过质量变化来计量渗吸置换量。操作简单，精度较高，适用于中低渗和致密岩心自发渗吸实验。但该方法无法实现对密闭系统质量变化实时监测，而将岩心从密闭系统中取出进行人工称重，岩心质量会受表面流体影响，产生较大误差。因此，称重法也不适用于致密岩心带压渗吸定量化评价。

2）自发渗吸理论模型

自发渗吸理论模型大致可分为两大类。一类是基于 Hagen-Posieuille 方程建立的毛细管模型(活塞式水驱油)，最早由 Washburn 等提出，是一种单毛细管内两相流线性驱替模型；在该模型基础上，相继提出了一系列改进模型，包括考虑了毛细管横截面形状、两相流度比、毛细管迂曲度和边界层效应等的单毛细管模型；以单毛细管模型为基础，Dong 等考虑不同毛细管中油水两相流度运动速度不同，分别提出了相互独立和相互影响的毛细管束模型；Wang 等考虑了束缚水饱和度影响，将毛细管横截面假设为三角形，提出了改进的相互影响的毛细管束模型；Li 等考虑了毛细管之间的窜流效应，提出了适合致密岩心油藏的毛细管束模型。另一类是基于分流量方程建立的连续介质模型(非活塞式水驱油)，相比于理想的毛细管模型，这类模型更接近多孔介质中油水两相渗流过程，是以 Mc-Whorter 等提出的两相流模型为基础，假设油相流量正比于 $t^{-1/2}$；Schmid 等在其基础上推导了自发渗吸模型的解析解，包括同向和逆向渗吸模型解析解以及任意润湿性条件下渗吸模型解析解；Cai 等考虑毛细管迂曲度和孔隙形状因素，修正了经典的 Hagen-Poiseuille 方程和 Laplace-Young 方程，建立了广义渗吸模型，该模型能在一定假设下等效于现有主要模型并适用于多种材料的渗吸。

根据以上两大类理论模型求解结果可以得到不同时刻油水界面(即驱替前缘)运动距离，并计算相应的渗吸置换效率。此外，这类模型的另一种表达形式是无因次时间标度模型，考虑到影响渗吸作用的参数较多，为了将渗吸置换驱油实验数据进行归一化处理，便于将岩心尺度实验结果应用到油藏尺度，Mattax 等最早提出了适用于裂缝性水湿油藏渗吸采油的无因次时间标度模型，有效地建立了岩心尺度与油藏尺度转化的关系式。在此基础上，众多学者开展了大量自发渗吸物理模拟实验，并对该模型进行了修正，其中，应用最广泛的无因次时间模型是 Ma 等和 Mason 等提出的考虑了润湿相流体黏度影响的模型。

3）渗吸置换作用影响因素

针对不同储层的特征，岩心尺度的物理模拟需要考虑的影响因素不尽相同，但研究方法大致相同，首先选定合适的无因次时间模型，然后开展自发渗吸物理模拟实验，对理论模型进行验证，考虑的影响因素包括岩心形状、层理方向、边界条件、重力、流速、界面张力和润湿性等。

Standnes 等针对不同岩心形状和边界条件开展了自发渗吸实验，取得了油相置换效率与无因次时间关系曲线；Li 等和 Mason 等分别提出了单面开启(OEO)和双面开启条件(TEO)下活塞式驱替数学模型，认为这两个过程是逆向渗吸过程，并且 Mason 等使用气测渗透率为(57~77)×10^{-3} μm^2 的 Berea 砂岩岩心验证了理论模型，并建立相应的力学模型对渗吸过程进行解释；Haugen 等基于单毛细管渗吸模型理论，建立了两面开启(TEO)同向渗吸过程数学模型，并且也建立了对应的力学模型对渗吸过程予以解释；针对所有面开启(AFO)情况，Mason 等认为该过程是逆向渗吸过程，可以理解为单面开启线性渗吸过程与外圆柱面开启的圆环径向渗吸过程叠加，对 Ma 等模型进行了修正；Standnes 等基于 Washburn 模型提出了考虑重力影响的无因次时间和置换效率模型，通过 Eclipse 100 数值模拟计算验证了理论模型；Mirzaei-Paiaman 等与 Ghaedi 等从油水两相分流量方程出发，建立了考虑了重力影响的无因次时间模型，理论模型更符合实际多孔介质中两相渗流过程。但考虑重力情况下，受限于岩心尺度实验问题，物理模拟过程实现较困难。El-Amin 等提出特征流速，建立新的无因次时间模型，讨论了流速对渗吸效果影响，并验证了 Tang 等实验结果；界面张力对渗吸效果影响分析意见不完全一致，Fini 等认为表面活性剂降低了界面张力，从而导致了更好的渗吸效果。但 Adibhatla 等认为界面张力越高越好；对于水湿性油藏而言，毛管力作为驱油动力，有助于发挥渗吸置换过程，但很多情况下油藏并非水湿，需要采取一系列措施改变其润湿性，包括采用各种类型表面活性剂(阳离子型，阴离子型和非离子型)，低矿化度盐水和加温等措施。

但是，以上影响因素中均未考虑围压的影响，即无法模拟覆压条件下渗吸置换过程，与之对应的无因次时间模型也需要进行修正。

1.3.6 低场核磁共振技术在多孔介质中的应用

1) 低场核磁技术基本原理

近年来，核磁共振技术广泛应用于医药工业、食品工业、石油与天然气工业等相关领域，成为一种重要的分析检测手段。按照磁场 0.5 强度的不同，可分为高场(大于 1T)、中场(0.5~1T)和低场(小于 0.5T)。高场核磁主要用于分子化学结构测定，根据化学位移得到分子内部结构信息，属于微观领域(分子内部)。相比之下，低场核磁主要用于测试分子间的动力学信息，通过弛豫时间得到分子动力学信息，可反映多孔介质中流体分布特征，属于亚微观领域(分子之间)。

核磁共振仪器分析测量的理论基础在于，具有磁性的原子核与施加的外部磁场互相作用之后，岩石孔隙中含氢流体的弛豫特征信号得以接收。具体而言，氢质子在预设的外加射频脉冲作用下发生共振，吸收射频脉冲能量。当停止发射射频脉冲后，被吸收的射频能量从氢质子中释放出来，利用特制的检测装置就能检测到射频能量释放的过程，获得的信号资源就是核磁共振信号。不同的测试样品，由于内部孔隙结构的差异，所以其能量释放的时间存在差异，通过这些信号差异就可以反映出样品内孔隙的分布特征。

2）T_2谱含义

当多孔介质被水或油饱和时，T_2分布曲线（即 T_2谱）与坐标轴包围的面积，与多孔介质中含氢质子的流体质量正相关，即 T_2曲线沿弛豫时间的累积积分面积反映了岩石孔隙中含氢质子的流体质量。因此，岩石的孔隙度能够被标准刻度化的弛豫时间来度量。岩石孔隙介质中的流体主要包含三种不同的弛豫机制：自由流体的弛豫机制、表面流体的弛豫机制、分子扩散弛豫机制。通常，当磁场均匀分布且磁场梯度变化不大时，可以忽略体弛豫和扩散弛豫影响，进一步可以将弛豫时间 T_2与孔喉半径构建相应函数关系。

自旋回波串衰减的幅度可以用一组指数衰减的和来精确拟合。

$$S(t)=\sum A_i\exp\left(-\frac{t}{T_{2i}}\right) \tag{1-11}$$

式中，$S(t)$为 t 时刻的回波幅度，为 A_i 第 i 种分量零时刻的信号大小，T_{2i}为第 i 弛豫分量的横向弛豫时间。

衰减曲线由孔隙中流体衰减信号叠加而成，然后利用数学方法对回波串进行拟合，从而得到各 T_{2i}的信号幅度 A_i，也就是不同大小孔隙的比例分布，即弛豫时间谱。T_2弛豫时间与岩石孔隙尺寸存在正相关性，即孔隙越小，T_2值越小；孔隙越大，T_2值越大。

3）致密岩心表面弛豫率

T_2谱与反映了多孔介质中孔隙分布特征，压汞测试孔径分布反映了喉道分布特征。将 T_2谱与压汞实测喉道分布进行匹配的一种常用方法是使用分段幂指数拟合函数，取得了很好的拟合效果，但由于 T_2谱与压汞实测喉道半径各自对应的分布频率难以实现一一对应，拟合得到的结果不能反映真实的孔隙尺寸分布特征。对于致密岩心而言，孔隙与喉道差异较小，可以近似认为采用两种测试手段测定得到了孔隙尺寸一致。因此，通过确定表面弛豫率，可以有效地建立 T_2孔径分布一一对应关系。

对于同一岩心样品，表面弛豫率通常作为常数处理，其计算方法大致可分为三类：①利用孔径分布拟合弛豫时间，包括压汞法和氮气吸附法两种方式；②利用比表面积拟合弛豫时间，包括氮气吸附、阳离子交换量和成像分析三种方式；③仅依靠核磁共振测试进行计算，即使用 CPMG 或 IR 脉冲序列和有限的扩散脉冲序列测试(如脉冲场梯度和脉冲场梯度激发回波)这种方式。其中，第三种方法不适用于非常规致密岩心样品，因为在这类存在大量微-纳米孔隙的岩心中，扩散弛豫现象影响显著，氢质子快速弛豫更复杂，对测试结果影响较大。第一种和第二种方法则是间接测量方法，其测定结果取决于使用何种测量手段评价致密岩心的孔隙度，表面积和孔径分布等，这其中，又以第一种方法应用最为广泛。Saidian 等基于毛细管模型假设，选取 T_2平均值与压汞孔径平均值确定 Bakken 致密岩心表面弛豫率为 1~3μm/s，根据比氮气吸附法测定的孔隙半径平均值计算得到表面弛豫率为 0.1~0.5μm/s，即表面弛豫率计算结果与选择的评价方法密切相关。表面弛豫率受铁磁性物质影响极大，其数值与伊利石含量呈正相关。黏土矿物含量超过 20%时，由 T_2谱换算得到孔喉半径分布曲线与压汞曲线一致性较好。反之，则拟合效果较差。

间接评价方法中，关于选择 T_2谱与压汞法或氮气吸附法，主要取决于致密岩心本身孔隙结构特征，孔隙尺度更小的页岩岩心，更适合采用氮气吸附法，而致密砂岩岩心则更适合采用压汞评价方法，将低场核磁 T_2谱测定结果与高压压汞测定的孔喉分布结果进行比对(分别选取 T_2对数平均值和高压压汞测定的孔隙半径平均值)，可以求解表面弛豫率。但是由于高压压汞测试过程耗时耗力，操作流程复杂，需要提出一种更简洁、快速的测量方式。

4) T_2截止值

T_2截止值反映了孔隙中流体流动的界限，高于这个值时，流体为可动流体，反之则为束缚流体。对于油水两相渗流过程，T_2截止值常通过高速离心后 T_2谱累积积分曲线获得。借鉴离心法确定 T_2截止值原理，可以采取类似的处理方法，通过求解残余油饱和度下对应的 T_2值确定表面弛豫率。

中国致密油资源丰富，在准格尔盆地、鄂尔多斯盆地、四川盆地和松辽盆地等广泛分布，初步评价主要盆地致密油资源量(80~100)×10^8t，致密油将成为重要接替资源，预测 2020 年中国致密油高峰产量在 1300×10^4t 左右。但目前原油产量仍然难以满足需求，2016 年我国原油对外依存度达到 65.2%，供需关系持续紧张，急需快速高效开发致密油资源。

鄂尔多斯盆地延长组致密油藏孔隙度低、渗透率低、渗流通道小(微-纳米级孔隙发育)、压力系数低(0.6~0.8)，现有开发技术难以解决其产量低、递减快、补充能量困难和采收率低等难题。目前，这类致密油藏提高开发效果的途径主要有两种：一是提高改造规模，采取大规模水平井分段压裂改造技术，将“万方水”注入后“打碎储层”，形成复杂缝网，缩短裂缝与基质渗流距离，达到增产改造效果；二是压后焖井，通过渗吸置换，提高驱油效率。部分现场应用结果发现，水湿性致密油藏压后不返排，停泵后焖井一段时间，大量压裂液由于滤失作用进入储层后，在毛管力作用下发生渗吸置换，提高致密油藏采收率，但是对于焖井时间如何控制尚不明确。

针对目前大规模体积压裂后焖井时间难以确定这一难题，该书以鄂尔多斯盆地华庆油田元 284 区块延长组致密油储层岩心样品为研究对象，基于低场核磁测试技术，分别开展带压渗吸实验和衰竭式水驱油实验模拟带压渗吸过程与压裂液滤失过程，剖析带压渗吸置换机理和压力扩散规律。在此基础上，为致密油藏压后焖井时间优化问题提供理论依据。

参考文献

[1] Mattax C C and Kyte J R. 1962. Imbibition oil recovery from fractured, water-drive reservoir. Presented at 36th Annual Fall Metting of SPE. Oct. 8-11, In Dallas. SPE187.

[2] Kazemi, H., Gilman, J. R., & Elsharkawy, A. M. (1992, May 1). Analytical and Numerical Solution of Oil Recovery From Fractured Reservoirs With Empirical Transfer Functions (includes associated papers 25528 and 25818). Society of Petroleum Engineers.

[3] 贾承造，郑民，张永峰 . 2012. 中国非常规油气资源与勘探开发前景[J]. 石油勘探与开发，39(2)：129-136.

[4] 郭和坤，李太伟，李海波，等 . 2011. 自吸条件下火山岩气藏水锁伤害效应实验[J]. 科技导报，29(24)：62-66.

[5] 李爱芬，任晓霞，王桂娟，等 . 2015. 核磁共振研究致密砂岩孔隙结构的方法及应用[J]. 中国石油大学学报(自然科学版)，39(6)：92-98.

[6] Morrow, N. R., Ma, S., Zhou, X., Zhang, X., 1994. Characterization of Wettability From Spontaneous Imbibition Measurements. Paper PETSOC-94-47 presented at Annual Technical Meeting, Calgary, Alberta, Canada, June 12-15.

[7] Qing Lan. 2014. Wettability of Tight and Shale Gas Reservoirs. Thesis Master of Science.

[8] Yang, L., Shi, X., Ge, H. et al. 2017. Quantitative investigation on the characteristics of ions transport into water in gas shale: Marine and continental shale as comparative study. Journal of Natural Gas Science and Engineering, 46: 251-264.

[9] Fakcharoenphol, P., Torcuk, M., Bertoncello, A. et al. 2013. Managing shut-in time to enhance gas flow rate in hydraulic fractured shale reservoirs: a simulation study. Presented at the

SPE Annual Technical Conference and Exhibition, New Orleans, Louisiana, USA, 30 September-2 October 2013. SPE-166098.

[10] Liu, D., Ge, H., Liu, J. et al. Experimental investigation on aqueous phase migration in unconventional gas reservoir rock samples by nuclear magnetic resonance. Journal of Natural Gas Science and Engineering, 2016, 36: 837-851.

[11] Akin, S., Schembre, J. M., Bhat, S. K. et al. Spontaneous imbibition characteristics of diatomite. Journal of Petroleum Science and Engineering. 2000, 25: 149-165.

[12] Abass, H., Shebatalhamd, A., Khan, M., et al., 2006. Wellbore instability of shale formation; zuluf field, Saudi Arabia. In: Presented at the SPE Technical Symposium of Saudi Arabia Section. Dhahran, Saudi Arabia, May 21e23. SPE106345.

[13] Clarkson C R, Pedersen P K. Production Analysis of Western Canadian Unconventional Light Oil Plays[C]. SPE 149005, 2011.

[14] Annual Energy Outlook 2011 with Projections to 2035 [R]. United States, Energy Information Administration, 2011.

[15] 周庆凡，杨国丰．致密油与页岩油的概念与应用[J]．石油与天然气地质，2012，(04)：541-544+570.

[16] 邹才能，朱如凯，白斌，等．致密油与页岩油内涵、特征、潜力及挑战[J]．矿物岩石地球化学通报，2015，(01)：3-17+1-2.

[17] 贾承造，郑民，张永峰，等．中国非常规油气资源与勘探开发前景[J]．石油勘探与开发，2012，(02)：129-136.

[18] GB/T 34906—2017. 致密油地质评价方法[S].

[19] 邹才能，杨智，张国生，等．常规-非常规油气“有序聚集”理论认识及实践意义[J]．石油勘探与开发，2014，(01)：14-25+27+26.

[20] 邹才能，翟光明，张光亚，等．全球常规-非常规油气形成分布、资源潜力及趋势预测[J]．石油勘探与开发，2015，(01)：13-25.

[21] 邱振，李建忠，吴晓智，等．国内外致密油勘探现状、主要地质特征及差异[J]．岩性油气藏，2015，(04)：119-126.

[22] Jaripatke O A, Chong K K, Grieser W V, et al. A Completions Roadmap to Shale-Play Development: A Review of Successful Approaches toward Shale-Play Stimulation in the Last Two Decades[C]. SPE 130369, 2010.

[23] Buffington N, Kellner J, King J G, et al. New Technology in the Bakken Play Increases the Number of Stages in Packer/Sleeve Completions[C]. SPE 133540, 2010.

[24] 吴奇，胥云，王晓泉，等．非常规油气藏体积改造技术——内涵、优化设计与实现[J]．石油勘探与开发，2012，(03)：352-358.

[25] 孙张涛，田黔宁，吴西顺，等．国外致密油勘探开发新进展及其对中国的启示[J]．中国

矿业，2015，(09)：7-12.

[26] 景东升，丁锋，袁际华，等．美国致密油勘探开发现状、经验及启示[J]．国土资源情报，2012，(01)：18-19+45.

[27] 杜金虎，何海清，杨涛，等．中国致密油勘探进展及面临的挑战[J]．中国石油勘探，2014，(01)：1-9.

[28] 康玉柱．中国致密岩油气资源潜力及勘探方向[J]．天然气工业，2016，(10)：10-18.

[29] 杜金虎，刘合，马德胜，等．试论中国陆相致密油有效开发技术[J]．石油勘探与开发，2014，(02)：198-205.

[30] 赵立强，牟媚，罗志锋，等．中国致密油储层改造理念及技术展望[J]．西南石油大学学报(自然科学版)，2016，(06)：111-118.

[31] 李忠兴，屈雪峰，刘万涛，等．鄂尔多斯盆地长7段致密油合理开发方式探讨[J]．石油勘探与开发，2015，(02)：217-221.

[32] 王平平，李秋德，张博，等．胡尖山油田安83区长7致密油藏水平井地层能量补充方式研究[J]．石油工业技术监督，2015，(09)：1-3.

[33] 郭秋麟，武娜，陈宁生，等．鄂尔多斯盆地延长组第7油层组致密油资源评价[J]．石油学报，2017，(06)：658-665.

[34] 杨智，付金华，郭秋麟，等．鄂尔多斯盆地三叠系延长组陆相致密油发现、特征及潜力[J]．中国石油勘探，2017，(06)：9-15.

[35] Barzegar Alamdari B, Kiani M, Kazemi H. Experimental and Numerical Simulation of Surfactant-Assisted Oil Recovery In Tight Fractured Carbonate Reservoir Cores. SPE 153902, 2012.

[36] Dehghanpour H, Lan Q, Saeed Y, et al. Spontaneous Imbibition of Brine and Oil in Gas Shales: Effect of Water Adsorption and Resulting Microfractures[J]. Energy & Fuels, 2013, 27(6): 3039-3049.

[37] Kathel P, Mohanty K K. Wettability Alteration in a Tight Oil Reservoir[J]. Energy & Fuels, 2013, 27(11): 6460-6468.

[38] Roychaudhuri B, Xu J, Tsotsis T T, et al. Forced and Spontaneous Imbibition Experiments for Quantifying Surfactant Efficiency in Tight Shales[C]. SPE 169500, 2014.

[39] Habibi A, Xu M, Dehghanpour H, et al. Understanding Rock-Fluid Interactions in the Montney Tight Oil Play[C]. SPE 175924, 2015.

[40] Habibi A, Binazadeh M, Dehghanpour H, et al. Advances in Understanding Wettability of Tight Oil Formations[C]. SPE 175157, 2015.

[41] Ghanbari E, Abbasi M A, Dehghanpour H, et al. Flowback Volumetric and Chemical Analysis for Evaluating Load Recovery and Its Impact on Early-Time Production[C]. SPE 167165, 2013.

[42] Ghanbari E, Dehghanpour H. The Fate of Fracturing Water: A field and Simulation Study[J].

Fuel, 2016, 163: 282-294.

[43] Carpenter C. Impact of Liquid Loading in Hydraulic Fractures on Well Productivity[J]. 2013.

[44] Lan Q, Ghanbari E, Dehghanpour H, et al. Water Loss Versus Soaking Time: Spontaneous Imbibition in Tight Rocks[J]. Energy Technology, 2014, 2(12): 1033-1039.

[45] Zhang X, Morrow N R, Ma S. Experimental Verification of a Modified Scaling Group for Spontaneous Imbibition[J]. Spe Reservoir Engineering, 1996, 11(04): 280-285.

[46] Shouxiang M, Morrow N R, Zhang X. Generalized Scaling of Spontaneous Imbibition Data for Strongly Water-wet Systems[J]. Journal of Petroleum Science and Engineering, 1997, 18: 165-178.

[47] Roychaudhuri B, Tsotsis T T, Jessen K. An Experimental Investigation of Spontaneous Imbibition in Gas Shales[J]. Journal of Petroleum Science and Engineering, 2013, 111: 87-97.

[48] Makhanov K, Habibi A, Dehghanpour H, et al. Liquid Uptake of Gas Shales: A Workflow to Estimate Water Loss During Shut-in Periods After Fracturing Operations[J]. Journal of Unconventional Oil and Gas Resources, 2014, 7(Supplement C): 22-32.

[49] Milner M, Mclin R, Petriello J. Imaging Texture and Porosity in Mudstones and Shales: Comparison of Secondary and Ion-Milled Backscatter SEM Methods[C]. SPE 138975, 2010.

[50] Zhang H, Bai B, Song K, et al. Shale Gas Hydraulic Flow Unit Identification Based on SEM-FIB Tomography[C]. SPE 160143, 2012.

[51] Bai B, Zhu R, Wu S, et al. Multi-scale Method of Nano (Micro)-CT Study on Microscopic Pore Structure of Tight Sandstone of Yanchang Formation, Ordos Basin[J]. Petroleum Exploration and Development, 2013, 40(3): 354-358.

[52] Clarkson C R, Jensen J L, Pedersen P K, et al. Innovative Methods for Flow-unit and Pore-structure Analyses in a Tight Siltstone and Shale Gas Reservoir[J]. AAPG Bulletin, 2012, 96(2): 355-374.

[53] Kuila U, Mccarty D K, Derkowski A, et al. Total Porosity Measurement in Gas Shales by the Water Immersion Porosimetry (WIP) Method[J]. Fuel, 2014, 117: 1115-1129.

[54] Zhao H, Ning Z, Wang Q, et al. Petrophysical Characterization of Tight Oil Reservoirs Using Pressure-controlled Porosimetry Combined with Rate-controlled Porosimetry[J]. Fuel, 2015, 154: 233-242.

[55] 肖佃师，卢双舫，陆正元，等．联合核磁共振和恒速压汞方法测定致密砂岩孔喉结构[J]．石油勘探与开发，2016，(06)：961-970.

[56] Saidian M, Kuila U, Rivera S, et al. Porosity and Pore Size Distribution in Mudrocks: A Comparative Study for Haynesville, Niobrara, Monterey and Eastern European Silurian Formations[C]. URTEC 1922745, 2014.

[57] Yao Y, Liu D. Comparison of Low-field NMR and Mercury Intrusion Porosimetry in Characteri-

zing Pore Size Distributions of Coals[J]. Fuel, 2012, 95: 152-158.

[58] Zhao H, Ning Z, Zhao T, et al. Applicability Comparison of Nuclear Magnetic Resonance and Mercury Injection Capillary Pressure in Characterisation Pore Structure of Tight Oil Reservoirs [C]. SPE, 2015.

[59] Jiang T, Rylander E, Singer P M, et al. Integrated Petrophysical Interpretation of Eagle Ford Shale with 1-D and 2-D Nuclear Magnetic Resonance (NMR) [C]. SPWLA 54th Annual Logging Symposium, 2013.

[60] Saidian M, Rasmussen T, Nasser M, et al. Qualitative and Quantitative Reservoir Bitumen Characterization: A Core to Log Correlation Methodology[J]. Interpretation, 2015, 3(1).

[61] Rouquerol J, Avnir D, Fairbridge C W, et al. Recommendations for the Characterization of Porous Solids (Technical Report)[J]. Pure and Applied Chemistry, 1994, 66(8): 1739-1758.

[62] 邹才能，朱如凯，白斌，等．中国油气储层中纳米孔首次发现及其科学价值[J]．岩石学报，2011，(06)：1857-1864.

[63] SY/T 6285—2011. 油气储层评价方法[S].

[64] 邹才能，杨智，陶士振，等．纳米油气与源储共生型油气聚集[J]．石油勘探与开发，2012，(01)：13-26.

[65] 高树生，胡志明，刘华勋，等．不同岩性储层的微观孔隙特征[J]．石油学报，2016，(02)：248-256.

[66] 朱如凯，吴松涛，崔景伟，等．油气储层中孔隙尺寸分级评价的讨论[J]．地质科技情报，2016，(03)：133-144.

[67] Klinkenberg L J. The Permeability of Porous Media To Liquids And Gases[C]. Drilling and Production Practice, 1941.

[68] Tanikawa W, Shimamoto T. Comparison of Klinkenberg-corrected Gas Permeability and Water Permeability in Sedimentary Rocks[J]. International Journal of Rock Mechanics and Mining Sciences, 2009, 46(2): 229-238.

[69] Amannhildenbrand A, Ghanizadeh A, Krooss B M. Transport Properties of Unconventional Gas Systems[J]. Marine and Petroleum Geology, 2012, 31(1): 90-99.

[70] Ziarani A S, Aguilera R. Knudsen's Permeability Correction for Tight Porous Media[J]. Transport in Porous Media, 2012, 91(1): 239-260.

[71] Javadpour F. Nanopores and Apparent Permeability of Gas Flow in Mudrocks (Shales and Siltstone)[J]. Journal of Canadian Petroleum Technology, 2009, 48(8): 16-21.

[72] Civan F. Effective Correlation of Apparent Gas Permeability in Tight Porous Media[J]. Transport in Porous Media, 2010, 82(2): 375-384.

[73] Thomas R D, Ward D C. Effect of Overburden Pressure and Water Saturation on Gas Permeability of Tight Sandstone Cores[J]. Journal of Petroleum Technology, 1972, 24(02): 120-124.

[74] Ali H S, Al-Marhoun M A, Abu-Khamsin S A, et al. The Effect of Overburden Pressure on Relative Permeability[C]. SPE 15730, 1987.

[75] Tian X, Cheng L, Cao R, et al. A New Approach to Calculate Permeability Stress Sensitivity in Tight Sandstone Oil Reservoirs Considering Micro-pore-throat Structure[J]. Journal of Petroleum Science and Engineering, 2015, 133(Supplement C): 576-588.

[76] Shar A M, Mahesar A A, Chandio A D, et al. Impact of Confining Stress on Permeability of Tight Gas Sands: an Experimental Study[J]. Journal of Petroleum Exploration and Production Technology, 2017, 7(3): 717-726.

[77] Kilmer N H, Morrow N R, Pitman J K. Pressure Sensitivity of Low Permeability Sandstones[J]. Journal of Petroleum Science and Engineering, 1987, 1(1): 65-81.

[78] Raeesi B. Measurement and Pore-scale Modelling of Capillary Pressure Hysteresis in Strongly Water-wet Sandstones[D]. Laramie, Wyoming: University of Wyoming, 2012.

[79] Wei B, Chang Q, Yan C. Wettability Determined by Capillary Rise with Pressure Increase and Hydrostatic Effects[J]. Journal of Colloid and Interface Science, 2012, 376(1): 307-311.

[80] Hatiboglu C U, Babadagli T. Oil Recovery by Counter-current Spontaneous Imbibition: Effects of Matrix Shape Factor, Gravity, IFT, Oil Viscosity, Wettability, and Rock Type[J]. Journal of Petroleum Science and Engineering, 2007, 59: 106-122.

[81] Al-Attar H H. Experimental Study of Spontaneous Capillary Imbibition in Selected Carbonate Core Samples[J]. Journal of Petroleum Science and Engineering, 2010, 70(3): 320-326.

[82] Handy L L. Determination of Effective Capillary Pressures for Porous Media from Imbibition Data [C]. SPE 1361, 1960.

[83] Iffly R, Rousselet D C, Vermeulen J L. Fundamental Study of Imbibition in Fissured Oil Fields [C]. SPE 4102, 1972.

[84] Mannon R W, Chilingar G V. Experiments on Effect of Water Injection Rate on Imbibition Rate in Fractured Reservoirs[C]. SPE 4101, 1972.

[85] Standnes D C. Scaling Spontaneous Imbibition of Water Data Accounting for Fluid Viscosities[J]. Journal of Petroleum Science and Engineering, 2010, 73: 214-219.

[86] Cai J, Yu B, Zou M, et al. Fractal Characterization of Spontaneous Co-current Imbibition in Porous Media[J]. Energy & Fuels, 2010, 24(3): 1860-1867.

[87] Cai J, Perfect E, Cheng C, et al. Generalized Modeling of Spontaneous Imbibition Based on Hagen-Poiseuille Flow in Tortuous Capillaries with Variably Shaped Apertures[J]. Langmuir, 2014, 30(18): 5142-5151.

[88] Dong M, Dullien F a L, Dai L, et al. Immiscible Displacement in the Interacting Capillary Bundle Model. Part I. Development of Interacting Capillary Bundle Model[J]. Transport in Porous Media, 2005, 59(1): 1-18.

[89] Dong M, Dullien F a L, Dai L, et al. Immiscible Displacement in the Interacting Capillary Bundle Model Part II. Applications of Model and Comparison of Interacting and Non-Interacting Capillary Bundle Models[J]. Transport in Porous Media, 2006, 63(2): 289-304.

[90] Wang J, Dong M, Yao J. Calculation of Relative Permeability in Reservoir Engineering Using an Interacting Triangular Tube Bundle Model[J]. Particuology, 2012, 10(6): 710-721.

[91] Li S, Dong M, Luo P. A Crossflow Model for an Interacting Capillary Bundle: Development and Application for Waterflooding in Tight Oil Reservoirs[J]. Chemical Engineering Science, 2017, 164(Supplement C): 133-147.

[92] Mcwhorter D B, Sunada D K. Exact Integral Solutions for Two-phase Flow[J]. Water ResourcesResearch, 1990, 26(3): 399-413.

[93] Schmid K S, Geiger S, Sorbie K S. Semianalytical Solutions for Cocurrent and Countercurrent Imbibition and Dispersion of Solutes in Immiscible Two-phase Flow[J]. Water Resources Research, 2011, 47(2).

[94] Schmid K S, Geiger S. Universal Scaling of Spontaneous Imbibition for Water-wet Systems[J]. Water Resources Research, 2012, 48(3).

[95] Schmid K S, Geiger S. Universal Scaling of Spontaneous Imbibition for Arbitrary Petrophysical Properties: Water-wet and Mixed-wet States and Handy´s Conjecture[J]. Journal of Petroleum Science and Engineering, 2013, 101: 44-61.

[96] Li K, Horne R N. An Analytical Scaling Method for Spontaneous Imbibition in Gas/Water/Rock Systems[J]. Spe Journal, 2004, 9(03): 322-329.

[97] Standnes D C. Experimental Study of the Impact of Boundary Conditions on Oil Recovery by Co-Current and Counter-Current Spontaneous Imbibition[J]. Energy & Fuels, 2004, 18(1): 271-282.

[98] Standnes D C. Scaling Group for Spontaneous Imbibition Including Gravity[J]. Energy & Fuels, 2010, 24(5): 2980-2984.

[99] Mirzaei-Paiaman A. Analysis of Counter-current Spontaneous Imbibition in Presence of Resistive Gravity Forces: Displacement Characteristics and Scaling[J]. Journal of Unconventional Oil and Gas Resources, 2015, 12(Supplement C): 68-86.

[100] Ghaedi M, Riazi M. Scaling Equation for Counter Current Imbibition in the Presence of Gravity Forces Considering Initial Water Saturation and SCAL Properties[J]. Journal of Natural Gas Science and Engineering, 2016, 34: 934-947.

[101] Elamin M F, Salama A, Sun S. A Generalized Power-law Scaling Law for a Two-phase Imbibition in a Porous Medium[J]. Journal of Petroleum Science and Engineering, 2013, 111: 159-169.

[102] Tang G, Firoozabadi A. Effect of Pressure Gradient and Initial Water Saturation on Water Injec-

tion in Water -Wet and Mixed-Wet Fractured Porous Media[J]. Spe Reservoir Evaluation & Engineering, 2001, 4(06): 516-524.

[103] Fini M F, Riahi S, Bahramian A. Experimental and QSPR Studies on the Effect of Ionic Surfactants on n-Decane-Water Interfacial Tension[J]. Journal of Surfactants and Detergents, 2012, 15(4): 477-484.

[104] Adibhatla B, Mohanty K K. Parametric Analysis of Surfactant-aided Imbibition in Fractured carbonates[J]. Journal of Colloid and Interface Science, 2008, 317(2): 513-522.

[105] Standnes D C, Austad T. Wettability Alteration in Chalk 2. Mechanism for Wettability Alteration from Oil-wet to Water-wet Using Surfactants[J]. Journal of Petroleum Science and Engineering, 2000, 28(3): 123-143.

[106] Amirpour M, Shadizadeh S R, Esfandyari H, et al. Experimental Investigation of Wettability Alteration on Residual oil Saturation Using Nonionic Surfactants: Capillary Pressure Measurement[J]. Petroleum, 2015, 1(4): 289-299.

[107] Nasralla R A, Bataweel M A, Nasreldin H A. Investigation of Wettability Alteration and Oil-Recovery Improvement by Low-Salinity Water in Sandstone Rock[J]. Journal of Canadian Petroleum Technology, 2013, 52(02): 144-154.

[108] Timur A. Producible Porosity And Permeability of Sandstone Investigated Through Nuclear Magnetic Resonance Principles[J]. Society of Petrophysicists and Well-Log Analysts, 1968, 10(1): 3-11.

[109] Marschall D, Gardner J S, Mardon D, et al. Method for Correlating NMR Relaxometry and Mercury Injection Data[C]. SCA 9511, 1995.

[110] 何雨丹，毛志强，肖立志，等．核磁共振 T_2 分布评价岩石孔径分布的改进方法[J]．地球物理学报，2005，48(2)：373-378.

[111] Xiao L, Mao Z-Q, Zou C-C, et al. A New Methodology of Constructing Pseudo Capillary Pressure (Pc) Curves from Nuclear Magnetic Resonance (NMR) logs[J]. Journal of Petroleum Science and Engineering, 2016, 147(Supplement C): 154-167.

[112] Kleinberg R L. Utility of NMR T2 Distributions, Connection with Capillary Pressure, Clay Effect, and Determination of the Surface Relaxivity Parameter ρ_2[J]. Magnetic Resonance Imaging, 1996, 14(7): 761-767.

[113] Rivera S, Saidian M, Godinez L J, et al. Effect of Mineralogy on NMR, Sonic, and Resistivity: A Case Study of the Monterey Formation[J]. Unconventional Resources Technology Conference.

[114] Sen P N, Straley C, Kenyon W E, et al. Surface-to-volume Ratio, Charge Density, Nuclear Magnetic Relaxation, and Permeability in Clay-bearing Sandstones[J]. Geophysics, 1990, 55(1): 61-69.

[115] Hurlimann M D, Helmer K G, Latour L L, et al. Restricted Diffusion in Sedimentary Rocks. Determination of Surface - Area - to - Volume Ratio and Surface Relaxivity [J]. Journal of Magnetic Resonance, Series A, 1994, 111(2): 169-178.

[116] Hossain Z, Grattoni C A, Solymar M, et al. Petrophysical Properties of Greensand as Predicted from NMR Measurements[J]. Petroleum Geoscience, 2011, 17(2): 111-125.

[117] Mitra P P, Sen P N, Schwartz L M, et al. Diffusion Propagator as a Probe of the Structure of Porous Media[J]. Physical Review Letters, 1992, 68(24): 3555-3558.

[118] Slijkerman W F J, Hofman J. Determination of Surface Relaxivity from NMR Diffusion Measurements[J]. Magnetic Resonance Imaging, 1998, 16(5): 541-544.

第 2 章　致密油赋存状态及特征分析

本章讨论致密油储层影响渗吸相关的参数的测试实验。影响渗吸的特征参数主要包括：岩石物性(孔隙度、渗透率和饱和度)、岩石矿物组成、流体特性(流体黏度、表面张力、润湿角)和孔隙结构等。针对松辽盆地扶余油层泉四段、吉木萨尔芦草沟组和鄂尔多斯盆地长 7 段致密油储层开展测试分析。

2.1　物性特征

2.1.1　孔隙度

长 7 段孔隙度分布在 8%~14%，芦草沟组孔隙度分布在 3%~6%，扶余油层孔隙度分布在 3%~8%。可见，致密储层孔隙度低于 10%。相比较而言，长 7 段孔隙度较高，泉四段次之，芦草沟最低(图 2-1)。

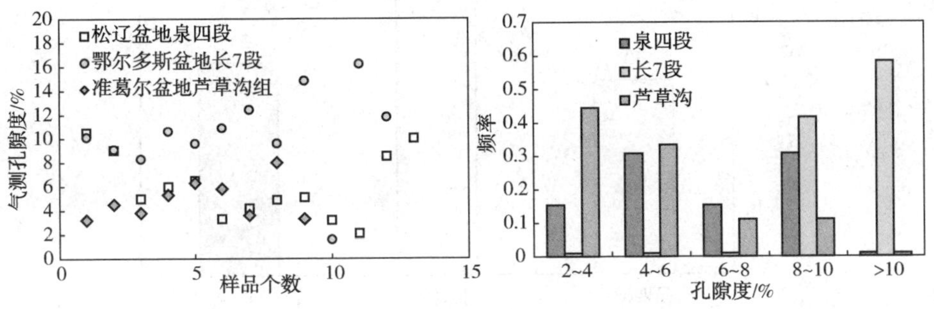

图 2-1　致密储层孔隙度分布

2.1.2　渗透率

长 7 段渗透率分布在$(0.02\sim0.1)\times10^{-3}\mu m^2$，芦草沟组渗透率分布在$(0.001\sim0.02)\times10^{-3}\mu m^2$，扶余油层泉四段克氏渗透率分布在$(0.005\sim0.1)\times10^{-3}\mu m^2$之间。可见，致密储层克氏渗透率主要分布在$0.1\times10^{-3}\mu m^2$以下，渗透率较低。相比较而言，扶余油层泉四段渗透率较高，长 7 段渗透率次之，芦草沟最低(图 2-2)。

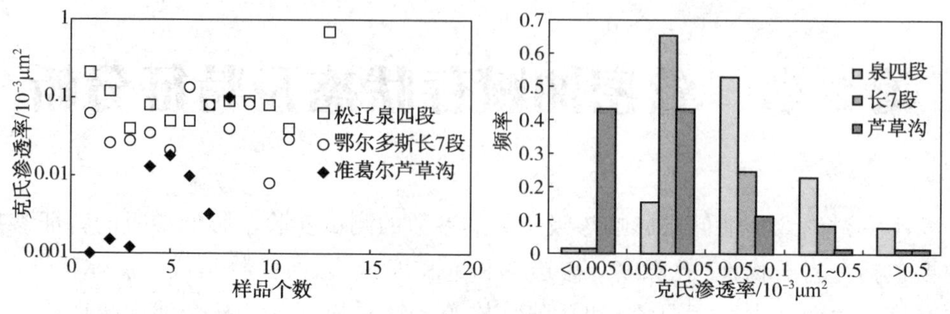

图 2-2 致密储层渗透率分布

2.1.3 含油饱和度

根据研究区的测井解释结果，利用算术平均法，对致密储层的解释的油层和油水同层的含油饱和度进行了统计，长 7 段含油饱和度约为 55%，泉四段和芦草沟组基本相等，约为 30%(图 2-3)。

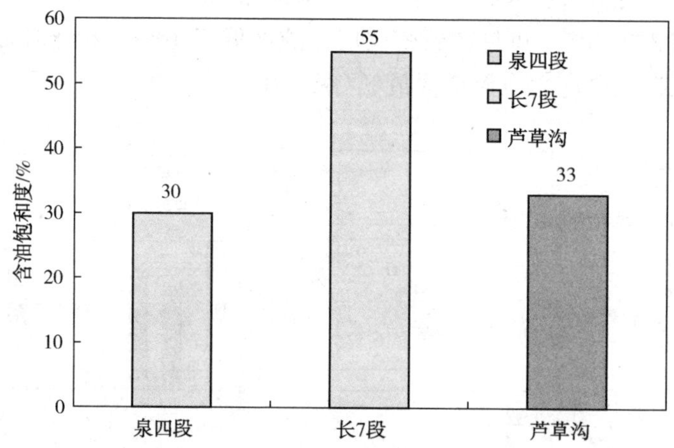

图 2-3 致密储层含油饱和度(通过测井获取仅供参考)

研究致密油赋存特征对认识致密油甜点和富集规律具有重要的意义。从井底取出岩心后，立刻封存，防止油气逸散。按照 SEM 电镜样品要求，进行氩离子抛光，置于电镜下观测致密油的分布特征，如图 2-4 所示。致密油储层同时发育孔隙和微裂缝。有必要分别研究孔隙和微裂缝对致密油赋存的影响。通过 SEM 可以看出，赋存在孔隙中的黑色油斑呈现零星状分布，连续性较差。油斑聚集区往往发育黏土矿物，致密油与黏土矿物具有一定的伴生特征。通过 XRD 测试结果显示，黏土矿物主要为伊利石和伊蒙混层。因此，黏土矿物的含量及类型对致密油的赋存及运移具有重要影响。

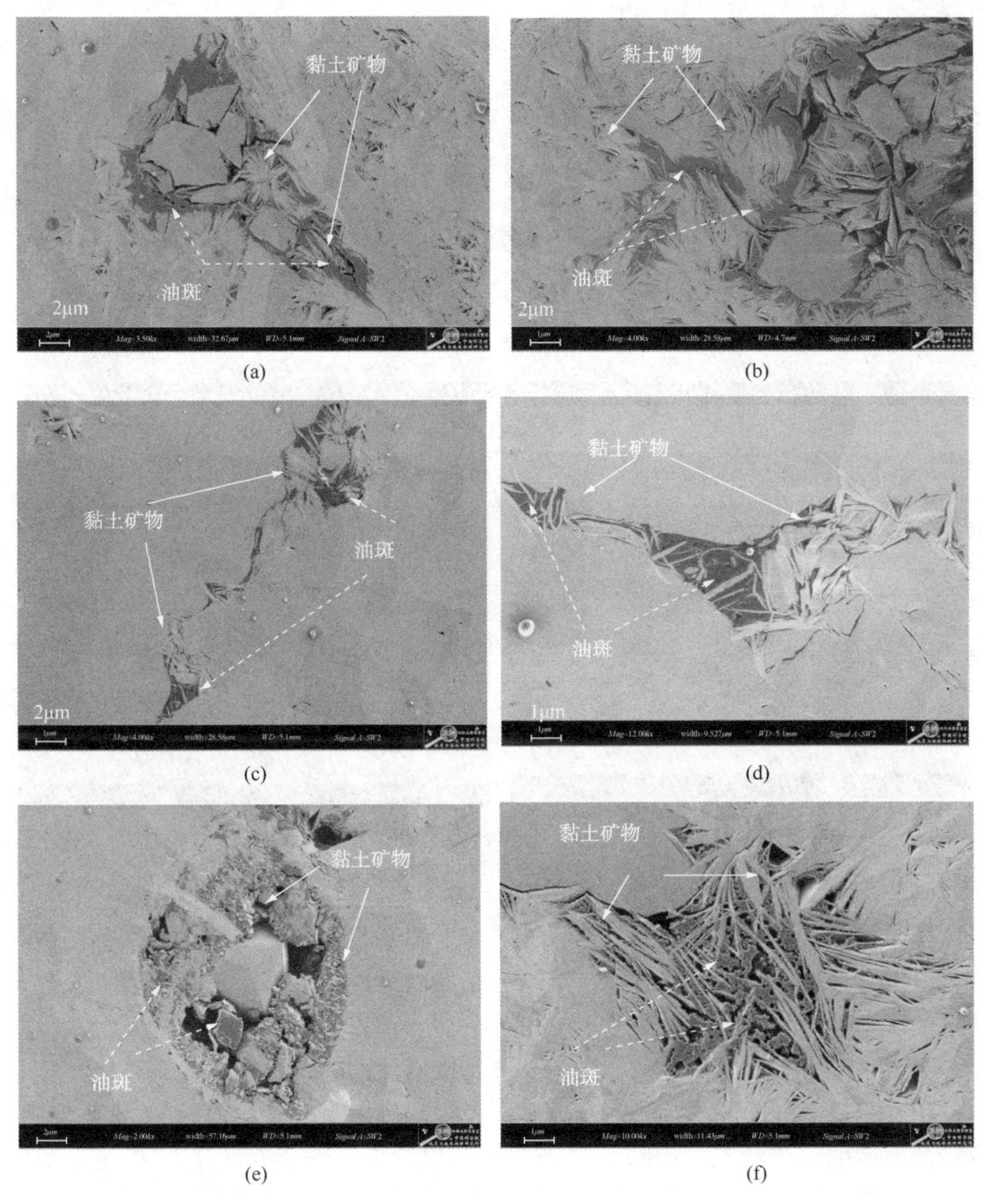

图 2-4　致密储层孔隙中油微观分布特征

致密油储层广泛发育不同尺度的微裂缝，研究微裂缝对致密油的赋存的控制机理具有重要意义。图 2-5 为致密储层微裂缝中油微观分布特征，可以看出大部分的微裂缝中没有充填黑色油斑，只有少量微裂缝的局部发现油迹。因此微裂缝并不是致密油赋存的主要空间。这很大程度上限制了致密油的可动用程度。

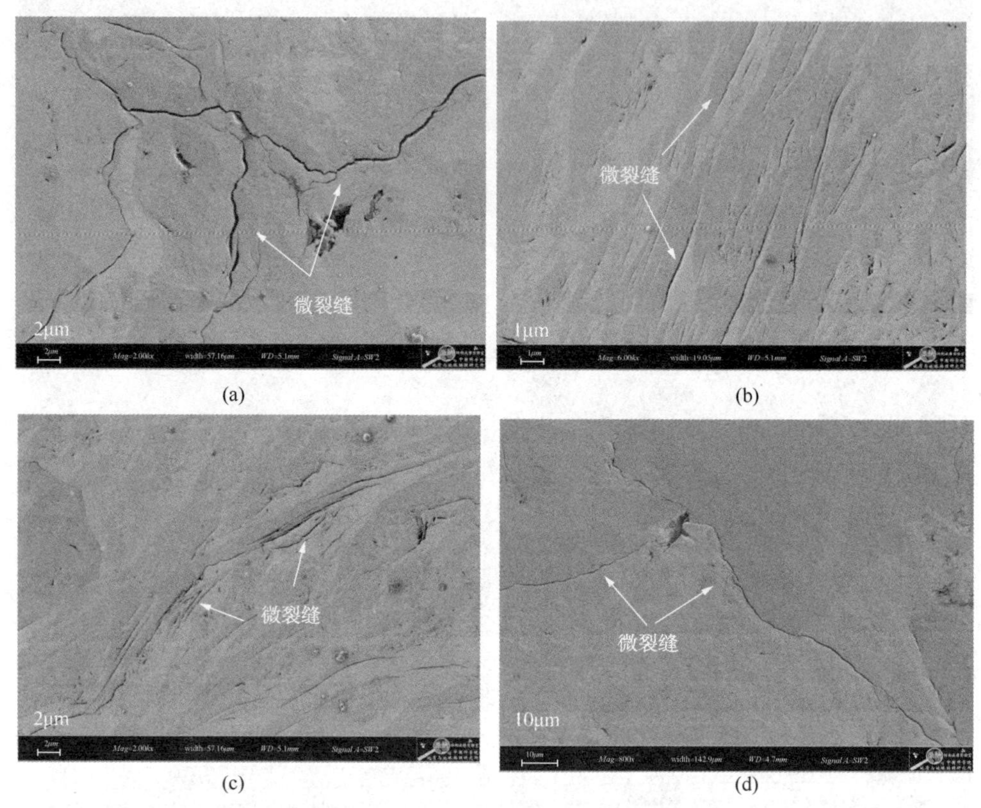

(a) (b) (c) (d)

图 2-5 致密储层微裂缝中油微观分布特征

图 2-6 为致密储层微裂缝贯穿油斑特征。微裂缝呈网络状分布，部分的微裂缝可以贯穿油斑或油迹，能够将零星状分布的油斑连接起来，很大程度上会提高原油的可动性。

为了进一步定量分析油的分布特征，钻取原始的岩心烘干，置于核磁共振分析仪中，测量 T_2 谱。洗油之后，再测量一次 T_2 谱。通过对比前后 T_2 谱的变化，分析油原始的赋存状态，如图 2-7 所示。可以看出，洗油后样品的 T_2 谱信号幅度大幅度降低(<10)，说明大量的烃类物质已经被去除。对比洗油前后的信号幅度可以看出，大孔中的信号幅度变化不大，而小孔中的信号明显降低。可见储层原始条件下，原油主要赋存于小孔中，大孔或裂缝中含油较少。这与 SEM 的观测结果一致。

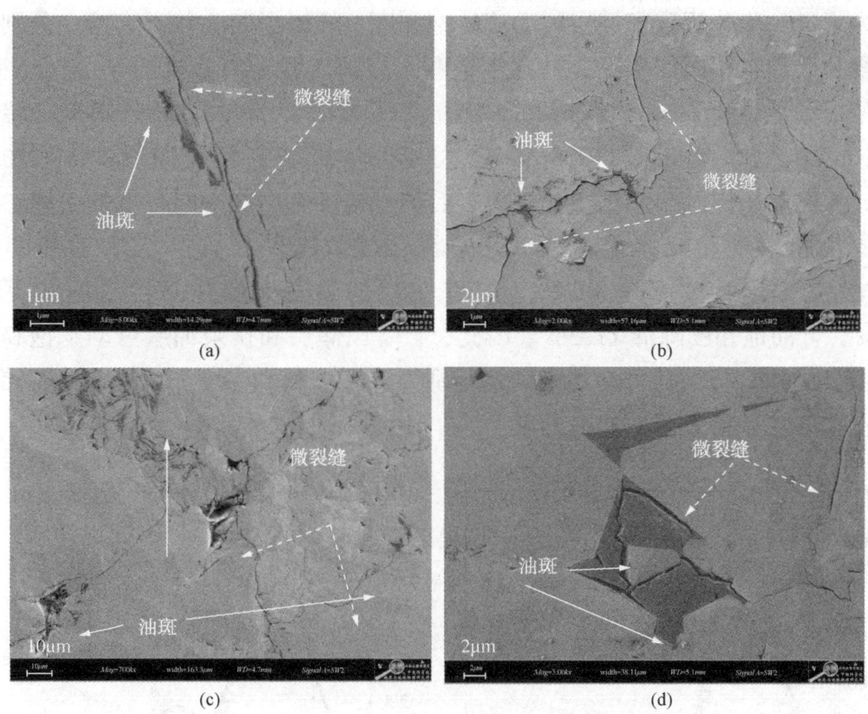

图 2-6 致密储层微裂缝贯穿油斑特征

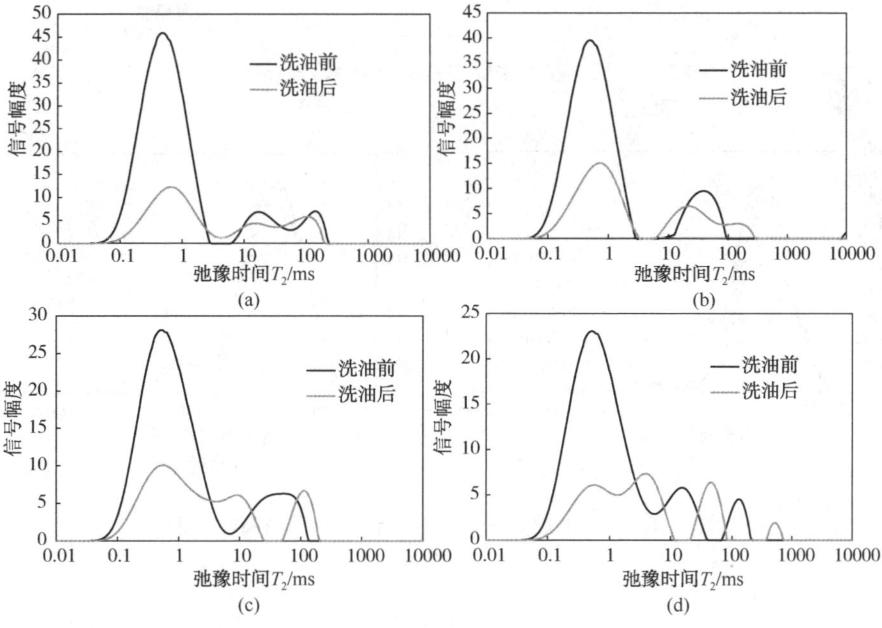

图 2-7 致密油样品洗油前后 T_2 谱变化

为了进一步分析致密储层可动流体饱和度，开展了离心核磁实验。分别选取长7段和泉四组相同的样品，抽真空饱和水、油。置于离心机的4个样品室内，将转速提高至5000r/min，保持2h，测量一下核磁 T_2 谱，之后分别提高转速至7000r/min，9000r/min和11000r/min，分别测量核磁 T_2 谱，如图2-8和图2-9所示。致密储层样品饱和水、油，离心后信号幅度都出现不同程度的下降。饱和度的变化即为可动流体饱和度。其中长7段致密储层样品含水饱和度降低40.5%，含油饱和度下降29.2%。扶余油层的致密储层样品含水饱和度降低28.5%，含油饱和度降低11.3%。因此，长7段储层和扶余油层可动水饱和度分别为40.5%和28.5%，可动油饱和度分别为29.2%和11.3%。可见，致密储层可动水饱和度明显高于可动油饱和度。

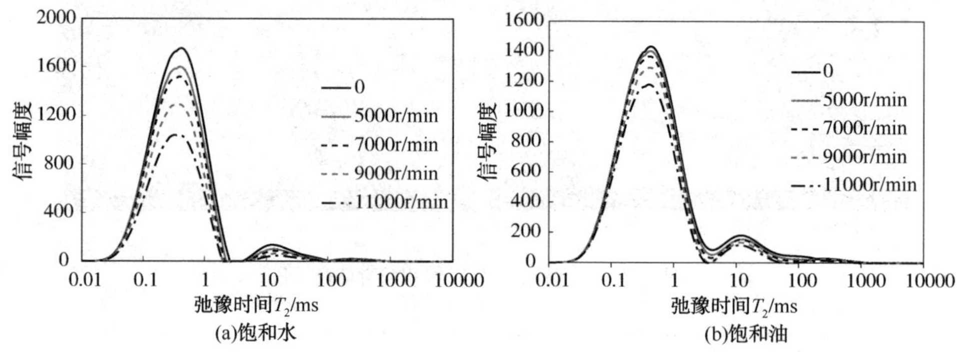

图2-8 长7段致密储层样品饱和水和油离心核磁

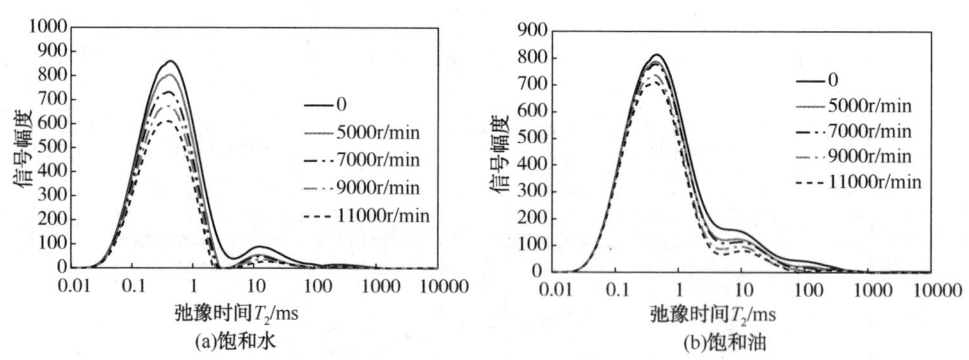

图2-9 扶余油层致密储层样品饱和水和油离心核磁

2.2 矿物组成

黏土矿物遇到水后膨胀，对水的流动具有重要的影响。黏土矿物含量是研究致密储层自发渗吸作用中不可缺少的内容。图 2-10 为致密储层黏土矿物含量的分布。其中长 7 段储层黏土矿物含量约为 17.4%，泉四段黏土矿物含量约为 11.2%，芦草沟组黏土矿物含量约为 8.2%。可见，致密油储层黏土矿物含量普遍不高，对水的流动可能影响不大(图 2-10)。

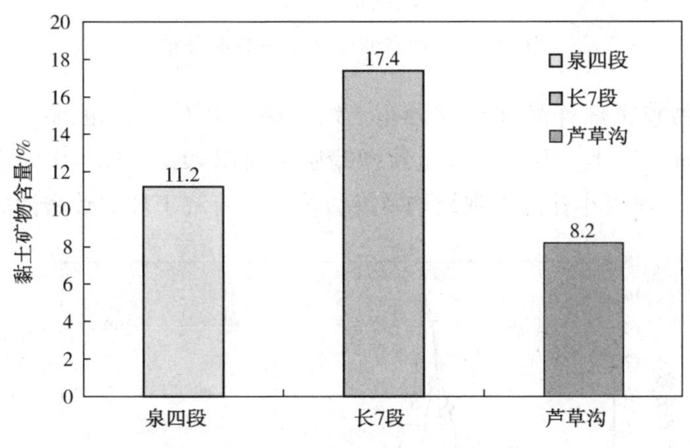

图 2-10　致密储层黏土矿物总含量

2.3 孔隙结构

利用高压压汞实验可以对储层孔径特征进行分析。致密砂岩储层的毛管力曲线主要受到最大进汞饱和度、排驱压力、歪度和孔喉分选程度控制。研究致密砂岩的压汞毛细管力曲线形态可以定性分析储层中孔隙的发育程度和连通性。

如图 2-11 所示，毛细管力曲线倾向于偏向左上方，进汞与退汞曲线间距较大，同时曲线中间平缓段较短，偏离水平坐标线。可知，致密岩石储层排驱压力高，孔隙分布较为分散，孔喉细小，连通性较差，属于细微孔隙型地层，不利于致密油的运移和聚集。随着汞饱和度的增加，汞注入压力逐渐增加。当汞饱和度低于 10%时，注入压力变化不大；当超过 10%，注入压力迅速上升至约 10MPa。从压汞数据可以看出，致密油储层毛细管力大大高于常规储层。

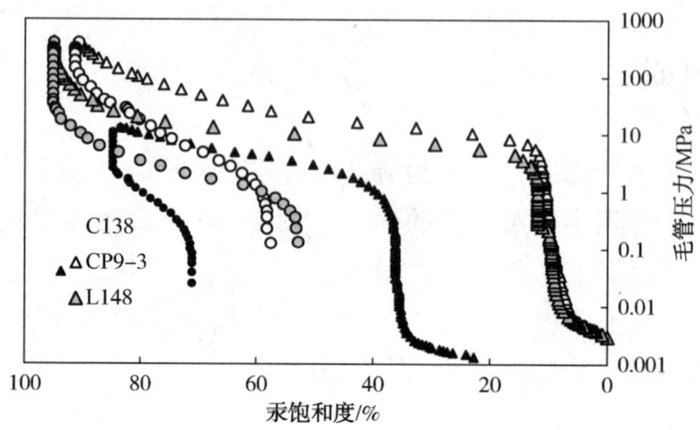

图 2-11　致密油样品压汞数据分布

图 2-12 为致密油样品的孔径分布。致密储层孔径分布范围广，主要分布于 <1μm和>10μm 尺度上。其中，可见致密储层主要以<1μm 的小孔为主，占到总体积的 80%以上。研究小孔的微观结构及渗流特征，有利于理解致密油的产出机理。

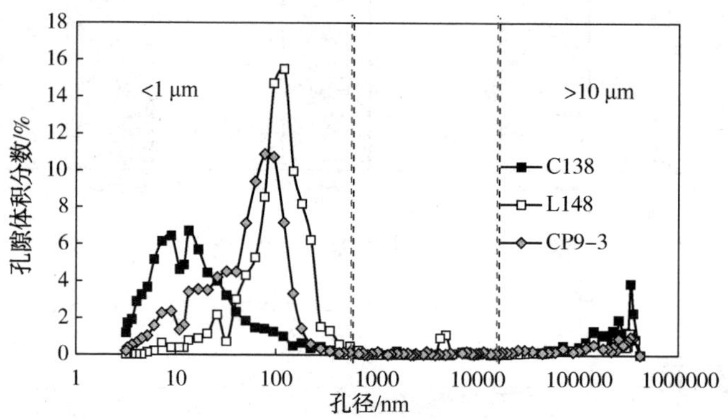

图 2-12　致密油样品孔径分布

核磁共振是一项非常有效的孔隙结构分析技术，通过测量样品中的氢核含量，来评价孔隙流体的分布及饱和度变化。研究发现，核磁共振 T_2 谱与孔径分布具有一定关系。

$$\frac{1}{T_2}=\rho_2\frac{S}{V} \tag{2-1}$$

式中　T_2——横向弛豫时间，ms；

S/V——孔隙表面积与孔隙体积的比值，与孔隙形状有关。球形孔隙，可取 $3/r$，毛管束形孔隙，可取 $2/r$。

ρ_2——颗粒表面弛豫率，nm/ms。

页岩的表面弛豫率约为 7~50nm/ms。

对于毛细管束而言，可以通过 T_2 谱计算孔径分布：

$$D=4\rho_2 T_2 \tag{2-2}$$

式中 D——孔隙直径。

通过公式(2-2)可以计算孔径分布，然而表面弛豫率是难以确定的参数。目前，较为常用的方法是通过压汞获得的孔径分布与 T_2 谱进行对比，确定表面弛豫率，从而应用 T_2 谱对致密储层样品中的流体分布进行定量分析。

图 2-13 中，T_2 谱与压汞孔径分布在曲线形态上基本趋于一致。且孔径分布越集中，两者吻合度越高。当致密储层样品孔径分布具有较大的范围时，两者的偏离度开始增加，如图 2-13(a)所示。致密储层样品非均质性较强，小孔富集区与大孔富集区具有不同的表面弛豫率，采用单一的表面弛豫率难以表征致密储层样品。当孔径分布为单峰特征时，两者吻合度较高，如图 2-13(b)和图 2-13(c)所示。通过对比，可以确定出 C114-138、L136-148 和 CP9-3 的表面弛豫率分别为 30nm/ms、50nm/ms 和 8nm/ms。

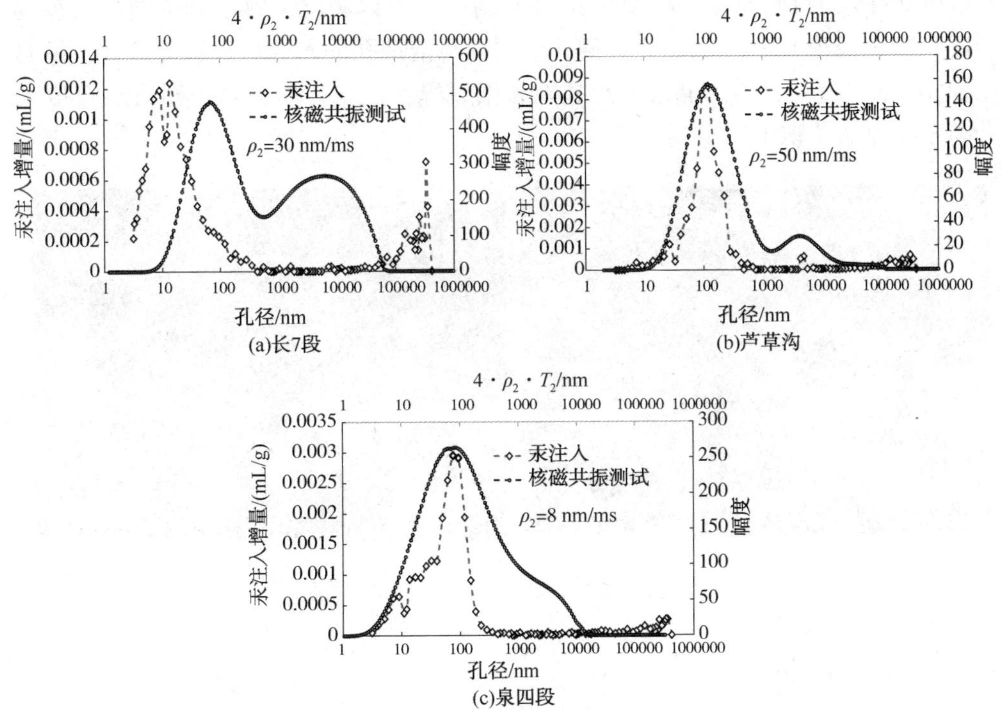

图 2-13 致密油样品压汞孔径分布与 T_2 谱对比

致密储层 SEM 相关测试在中国科学院地质地球物理所开展。图 2-14 为致密储层样品微观孔隙特征，主要以粒间孔和溶蚀孔为主，粒间孔的孔径约为 0.763～3.573μm，溶蚀孔的孔径约为 62～149nm。可见，孔径分布范围较大，且主要分布在<1μm 的尺度上，与压汞测试结果基本一致。

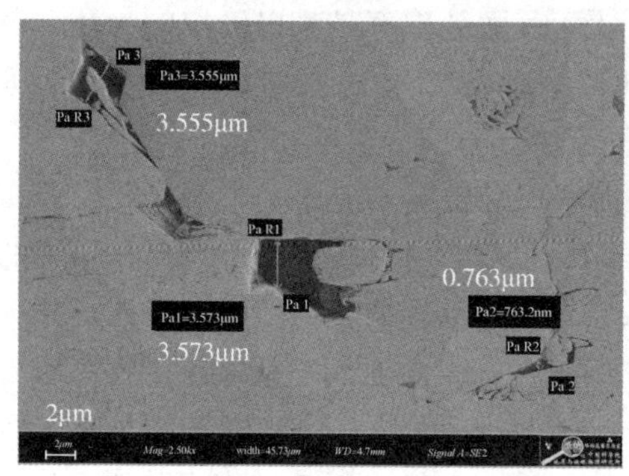

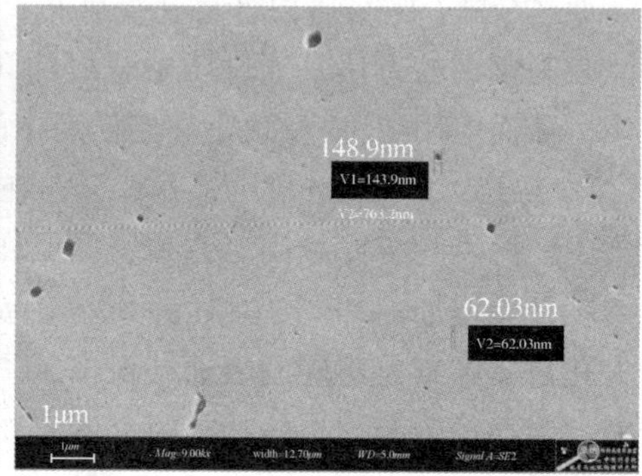

图 2-14　致密储层样品微观孔隙 SEM 特征

图 2-15 为致密储层样品微裂缝 SEM 特征。可以看出，致密储层样品微裂缝较发育，孔径约 124～282nm。可见，微裂缝与溶蚀孔的发育尺度较为接近，说明在<1μm 的尺度上，致密储层发育孔隙和微裂缝，这与传统认识中微裂缝尺度大大高于孔隙的认识不同。

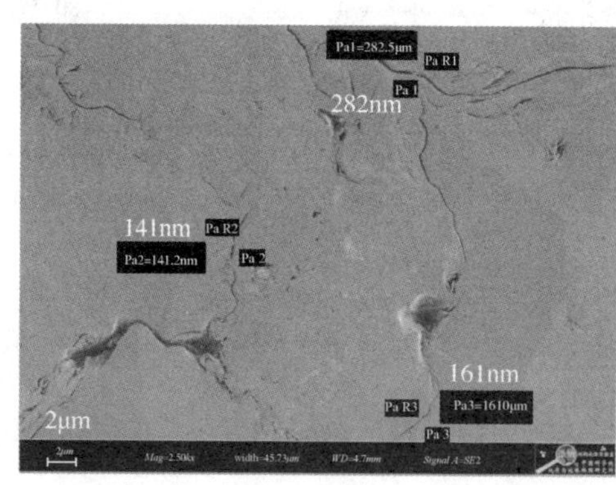

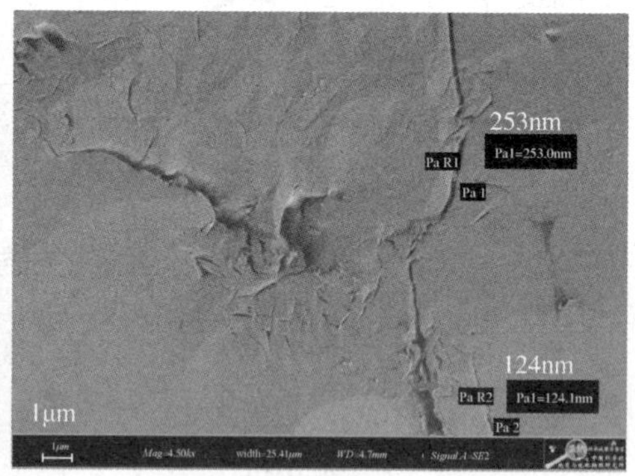

图 2-15　致密储层样品微裂缝 SEM 特征

2.4　流体特征

毛细管力自发渗吸实验流体是模拟现场施工的工作液，主要包括蒸馏水、煤油、低浓度表面活性剂和低浓度盐溶液等。影响自发渗吸的流体参数包括黏度、表面张力、润湿角，等等。界面张力主要通过界面张力测试仪进行测试(表 2-1)。

表 2-1 实验流体的界面张力测试结果

流　体	密度/(g/cm³)	黏度/(mPa · s)	界面张力/(N/m)
蒸馏水	1.0	1	0.072
2%wt KCl	1.002	0.73	0.0727
表面活性剂	1.0038	1.44	0.029
煤油	0.82	2.34	0.026

接触角不仅与流体性质有关，还与固体性质有关，是流体固体相互作用的结果。这里主要测量蒸馏水在松辽盆地泉四段致密储层样品的接触角，如图 2-16 所示。测试结果来看，不同样品的润湿角差别较大，测试结果中最小接触角为 28°，最大接触角为 101°，说明润湿角存在较强的非均质性，但总体上呈现出水湿或偏水湿特性。

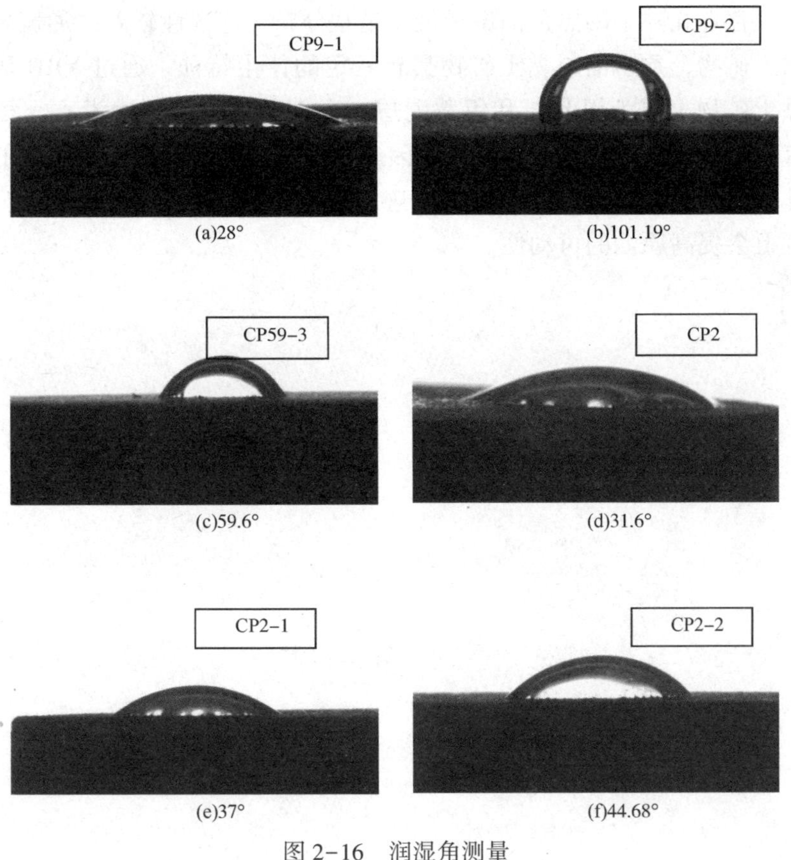

(a)28°　(b)101.19°　(c)59.6°　(d)31.6°　(e)37°　(f)44.68°

图 2-16 润湿角测量

2.5 本章小结

本章分析了影响致密油储层渗吸的相关参数，主要包括孔隙度、渗透率、含油饱和度、矿物组成、流体黏度、表面张力和润湿角等，以扶余油层泉四段、吉木萨尔芦草沟组和鄂尔多斯盆地长 7 段致密油储层为研究目标进行分析测试，主要研究成果如下：

(1) 针对致密油储层压裂液渗吸相关的参数进行测试，研究发现致密油储层具有低孔、低渗、低黏土的特点，孔隙度约为 8%~14%，渗透率约为 $(0.005 \sim 0.1) \times 10^{-3} \mu m^2$，黏土矿物含量低于 18%。

(2) 致密油储层发育微裂缝和孔隙，孔径-缝宽分布范围广，主要分布于 <1μm和>10μm 尺度上，其中<1μm 的孔隙-裂缝的体积占到总体积的 80%以上。孔隙主要分布于<1μm 的尺度上，微裂缝在两个尺度范围内均有分布。

(3) 赋存在孔隙中的黑色油斑呈现零星状分布，连续性较差。油斑聚集区往往发育黏土矿物，致密油与黏土矿物具有一定的伴生特征。通过 XRD 测试结果显示，黏土矿物主要为伊利石和伊蒙混层。大部分的微裂缝中没有充填黑色油斑，只有少量微裂缝的局部发现油迹。因此，微裂缝并不是致密油赋存的主要空间，但部分的微裂缝可以贯穿油斑或油迹，能够将零星状分布的油斑连接起来，很大程度上会提高原油的可动性。

第 3 章　致密储层表面弛豫率分析

本章以元 284 井区致密岩心样品为研究对象，建立了一种基于低场核磁测试技术评价致密孔隙内油量标定的方法，从而精确计量渗吸置换量，为渗吸置换物理模拟实验的开展奠定基础；以此为基础，建立了一种低场核磁 T_2 谱与压汞实测孔径分布换算新方法（拟 T_2 截止值法），为定量化描述渗吸置换过程中不同尺度孔隙内渗吸置换效率奠定了基础。

3.1　目标区块概况与取心情况

3.1.1　目标区块概况

华庆油田位于甘肃省华池县境内，面积约 300km^2，属黄土塬地貌，地表为 100～200m 厚第四系黄土覆盖，地形复杂，沟壑纵横，梁峁参差。河流下切较深的河谷中，可见岩石裸露。地面海拔 1350～1660m，相对高差 310m 左右。属于鄂尔多斯盆地陕北斜坡南部，由差异压实作用形成的局部隆起，总体为平缓的西倾单斜，在单斜背景上发育东西向低幅度排状鼻状隆起；属岩性油藏，三角洲前缘湖底滑塌浊积扇沉积体系，砂体展布方向总体呈北东-南西方向。

华庆油田元 284 井区（图 3-1）位于甘肃省华池县和庆城县境内，北起元 155 井、元 139 井、元 424 井，南至元 410 井，西起元 298 井，东至元 425 井，目前工区内总井数约 640 口，总面积约 247km^2。截至 2011 年底，元 284 井区动用含油面积 54.39km^2，动用地质储量 5080×10^{4}t，动用可采储量 965.2×10^{4}t；井区内主力开发层系为长 $6_3{}^1$和长 $6_3{}^2$；平均油层有效厚度 19.7m，平均孔隙度 11.7%，平均渗透率 0.34×10^{-3}m^2。

根据研究区长 6 地层地质特征，以现代地层学为基础，以区域标志层为依据，结合沉积旋回及岩相组合，将长 6 油层组自上而下分为长 6_1、长 6_2、长 6_3共 3 个油层组（表 3-1），长 6_3自上而下进一步细分为长 $6_3{}^1$、长 $6_3{}^2$、长 $6_3{}^3$共 3 个小层，而后将长 $6_3{}^1$细分为长 $6_3{}^{1-1}$、长 $6_3{}^{1-2}$、长 $6_3{}^{1-3}$三个亚层，将长 $6_3{}^2$细分为长 $6_3{}^{2-1}$，长 $6_3{}^{2-2}$两个亚层，将长 $6_3{}^3$细分为长 $6_3{}^{3-1}$，长 $6_3{}^{3-2}$两个亚层。

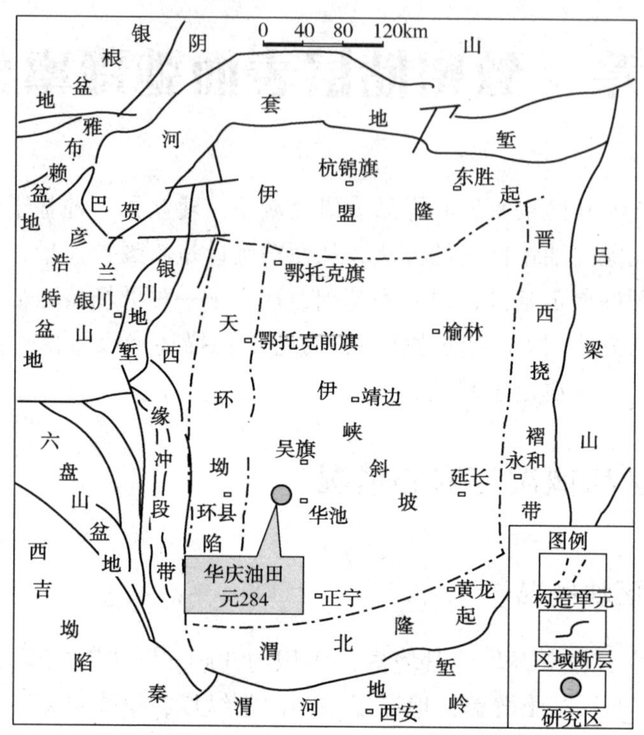

图 3-1 华庆油田元 284 井区地理位置

表 3-1 研究区三叠系延长组长 6 油层组划分方案

油 组	砂 组	小 层	单砂体	标志层
长 6	长 6_1			
	长 6_2			K_3
	长 6_3	长 $6_3{}^1$	长 $6_3{}^{1-1}$	
			长 $6_3{}^{1-2}$	
			长 $6_3{}^{1-3}$	
		长 $6_3{}^2$	长 $6_3{}^{2-1}$	
			长 $6_3{}^{2-2}$	
		长 $6_3{}^3$	长 $6_3{}^{3-1}$	
			长 $6_3{}^{3-2}$	K_2

3.1.2 取心情况

致密岩心样品分别来自元284井、元285井和元290井等10口井(图3-2)，累积取得全直径岩心样品13块，岩心样品主要为深灰色/暗灰色块状细砂岩(图3-3)。

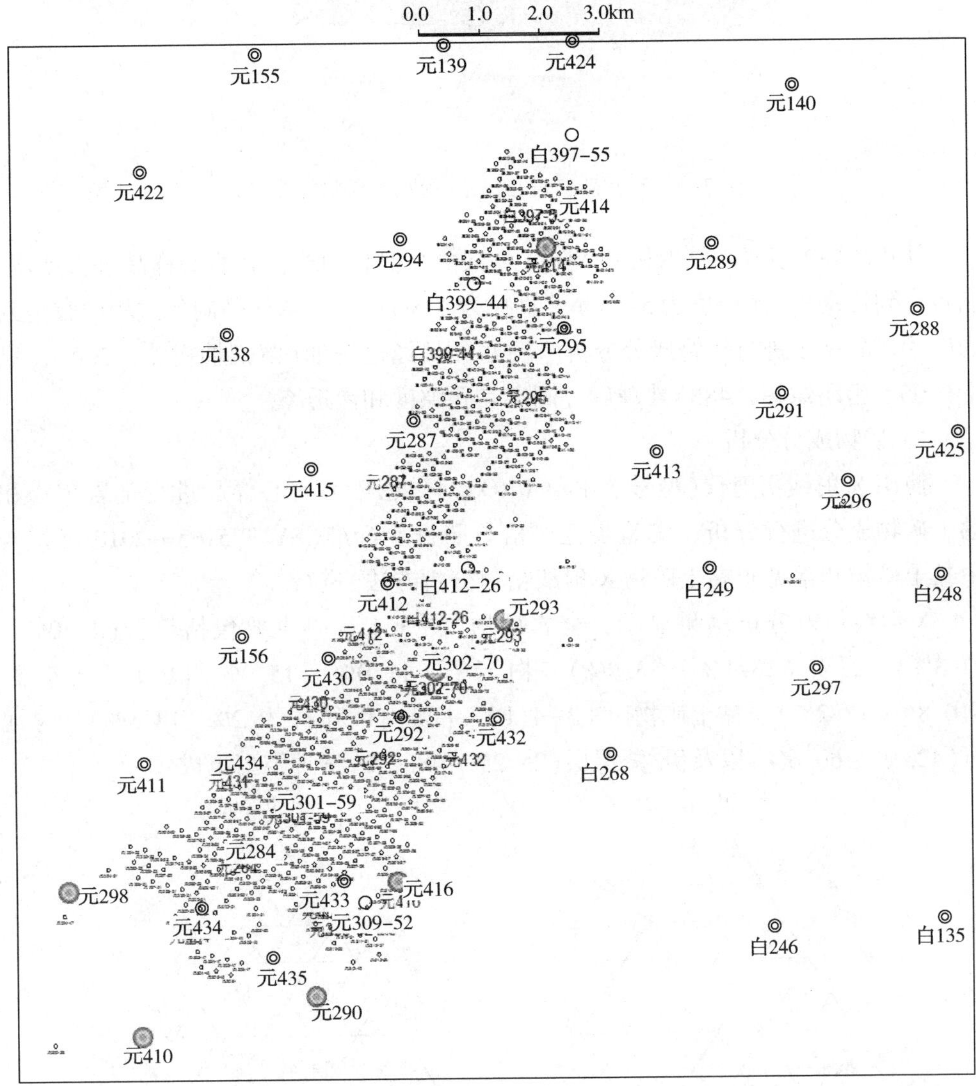

图3-2 目标区块概况

图 3-3　致密砂岩岩心样品(深灰色块状细砂岩)

使用 TZ-2 型岩心钻取机和 NQ-1 型液氮切割机对全直径岩心样品进行处理，制备得到柱塞样品(长度为5~7cm，直径为2.5cm)，柱塞样品制备过程中收集到的碎片样品用于进行矿物成分分析。柱塞样品经过洗油(溶剂抽提法，30d)，烘干(105℃密闭烘箱，48h)处理后，测定其孔隙度和渗透率。

1) 矿物成分分析

使用X射线衍射仪(型号 X′Pert PRO)对致密砂岩岩心样品进行全岩矿物和黏土矿物成分进行分析，实验步骤严格参照行业标准《SY/T 5163—2010 沉积岩中黏土矿物和常见非黏土矿物 X 射线衍射分析方法》进行。

X 射线衍射分析结果显示，全岩矿物[图 3.4(a)]主要包括长石(42.0%~53.3%)、石英(28.1%~33.9%)、白云石(11.0%~15.0%)以及黏土矿物(10.8%~17.2%)。黏土矿物[图 3-4(b)]主要由伊利石(9.2%~18.5%)、绿泥石(42.1%~60.6%)以及伊/蒙混层(25.2%~48.7%)三种类型组成。

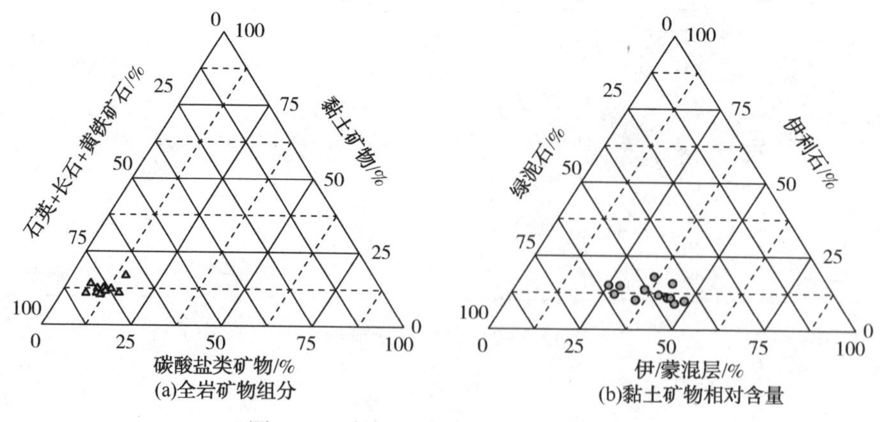

图 3-4　致密砂岩岩心样品矿物成分

2）孔隙度和渗透率

使用孔隙度测量仪(型号 PORG-200)进行孔隙度测试，将岩心置于密闭容器中，并注入氮气，应用 Coberly - Stevens 方法，结合波义尔定律计算岩心孔隙度；使用气测渗透率测量装置(型号 PDP-200)，注入氮气，应用脉冲衰减法确定非稳态气测渗透率，并计算相应克氏渗透率。

岩心样品分别用于高速离心实验、高压压汞实验、润湿性测定实验、带压渗吸/衰竭式水驱油实验等。孔隙度和渗透率测试结果(表 3-2)显示，岩心样品孔隙度 7.36%~13.56%，平均 11.63%，渗透率$(0.032 \sim 0.099)\times10^{-3}\mu m^2$，平均 $0.047\times10^{-3}\mu m^2$，属典型的低孔、低渗类型。

表 3-2 致密砂岩岩心样品基础物性参数

类 别	岩心编号	深度/m	直径/cm	长度/cm	渗透率/$10^{-3}\mu m^2$	孔隙度/%
高速离心/润湿性/高压压汞	A1	2179.70	2.53	7.02	0.068	12.37
	A2	2179.90	2.53	6.88	0.057	10.69
	A3	2180.40	2.53	6.78	0.032	11.42
	A4	2180.60	2.53	6.82	0.042	9.56
带压渗吸/高压压汞	B1	2179.70	2.51	6.97	0.034	10.54
	B2	2179.90	2.53	6.97	0.030	9.71
	B3	2180.40	2.53	6.67	0.048	12.53
	B4	2180.60	2.53	6.95	0.031	8.79
	B5	2180.60	2.53	6.31	0.049	11.32
	B6	2144.80	2.50	5.41	0.037	11.05
	B7	2210.80	2.53	5.16	0.077	11.54
	B8	2070.90	2.53	4.64	0.042	9.56
	B9	2070.50	2.51	5.54	0.019	9.17
	B10	2070.60	2.51	5.30	0.059	11.01
	B11	2136.20	2.51	4.28	0.038	10.85
	B12	2148.50	2.53	4.84	0.034	8.62
	B13	2134.00	2.52	5.29	0.099	13.56
	B14	2070.50	2.53	4.64	0.034	9.71
	B15	2070.60	2.51	5.54	0.019	9.17
气测渗透率（脉冲衰减法）	C1	2179.20	2.51	3.24	0.026	10.25
	C2	2180.50	2.52	3.21	0.015	7.57
	C3	2180.80	2.52	3.27	0.037	10.67
	C4	2180.70	2.53	3.51	0.014	7.36

续表

类别	岩心编号	深度/m	直径/cm	长度/cm	渗透率/$10^{-3}\mu m^2$	孔隙度/%
驱替实验	D1	2180.12	2.53	5.41	0.081	8.66
	D2	2185.60	2.51	5.40	0.043	9.29
	D3	2206.50	2.53	5.32	0.042	9.54
	D4	2207.90	2.52	5.53	0.046	12.88
	D5	2210.80	2.53	5.16	0.077	11.54

3.2 致密岩心孔隙内油量标定

低场核磁共振是一种非常重要的储层分析和评价手段，通过监测多孔介质中氢质子信号，并对监测信号进行处理获得 T_2 谱，可以反映多孔介质中流体分布特征，同时能够获取有效孔隙度、渗透率和孔喉分布等重要参数。如果致密岩心被油饱和，并使用不含氢质子信号的氘水进行渗吸或水驱油物理模拟实验，核磁共振监测到的信号转为 T_2 谱曲线所围成的面积与探测范围内的流体中的氢质子数量成正比。基于此原理，可以将核磁信号量与油质量进行换算，实现致密岩心孔隙内油量精确标定。

3.2.1 实验样品与实验装置

1）实验样品

（1）岩心样品。选取经过洗油和烘干处理的岩心样品 A1-A4，将每块岩心样品切为三段[图 3-5(a)]，一段(长度为 1.0～1.2cm)用于接触角测试，另一段(长度为 1.8～2.0cm)用于高压压汞测试，剩余部分(长度为 3.6～3.8cm)使用抽真空加压饱和装置进行处理，抽真空 48h，在 20MPa 压力下使用航空煤油饱和 5d，取出后进行高速离心测试与低场核磁测试[图 3-5(b)]。岩心样品基础表物性参数见表 3-3。

表 3-3 孔隙油量标定实验岩心样品基础物性参数

实验类别	编号	深度/m	直径/cm	长度/cm	渗透率/$10^{-3}\mu m^2$	孔隙度/%
高速离心	A11	2179.70	2.53	3.62	0.068	12.37
	A12	2179.90	2.53	3.66	0.057	10.69
	A13	2180.40	2.53	3.64	0.032	11.42
	A14	2180.60	2.53	3.64	0.042	9.56

续表

实验类别	编 号	深度/m	直径/cm	长度/cm	渗透率/$10^{-3}\mu m^2$	孔隙度/%
润湿性	A21	2179.70	2.53	1.12	0.068	12.37
	A22	2179.90	2.53	1.08	0.057	10.69
	A23	2180.40	2.53	1.15	0.032	11.42
	A24	2180.60	2.53	1.18	0.042	9.56
高压压汞	A31	2179.70	2.53	1.76	0.068	12.37
	A32	2179.90	2.53	1.71	0.057	10.69
	A33	2180.40	2.53	1.72	0.032	11.42
	A34	2180.60	2.53	1.72	0.042	9.56

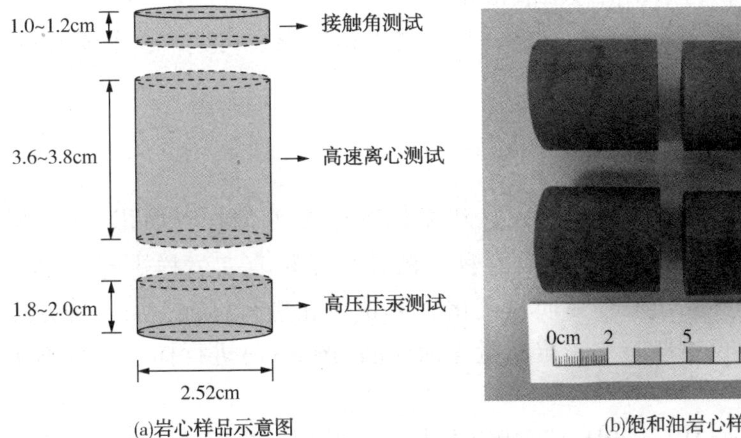

(a)岩心样品示意图　(b)饱和油岩心样品

图 3-5　致密岩心样品

（2）流体样品。纯度 99.9%的 3 号航空煤油（图 3-6）购自武汉卡诺斯科技有限公司，密度 0.83g/cm^3，黏度 2.53mPa·s，界面张力 26.82mN/m。

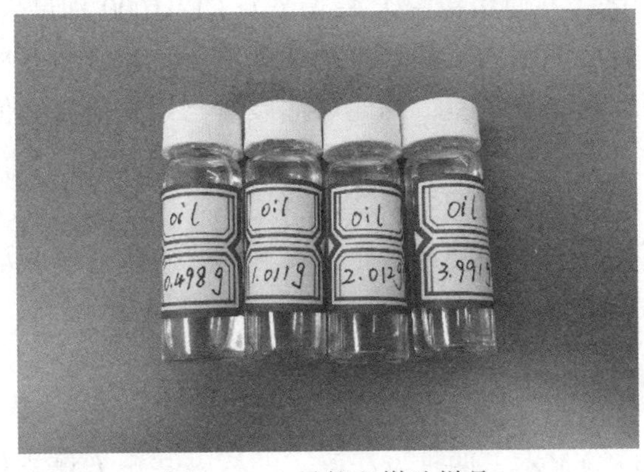

图 3-6　3 号航空煤油样品

2）实验装置

（1）CSC-12(S)超级岩心高速冷冻离心机，上海卢湘仪离心机仪器有限公司生产，主要参数包括：最高转速 12000r/min，速度控制±50r/min，温度范围-20～+40℃。

（2）MesoMR-060H-HTHP-I 低场核磁共振分析仪，纽迈分析仪器股份有限公司生产，硬件基本参数包括：共振频率 21.326MHz，磁体强度 0.48T，线圈直径为 25.4mm，测试环境温度为 18～22℃；测试采用 CPMG(Carr，Purcell，Meiboom 和 Gill)脉冲序列，主要参数包括：回波时间 300μm，间隔时间 3000ms，回波个数 8000，使用 SIRT(联合迭代重建技术)反演算法得到 T_2 谱，该反演算法中，T_2 谱积分面积与累积信号幅值相等。

（3）A & D 精密天平 GF-1000，日本艾安得有限公司生产，主要参数包括：最大称量 1100g，精度 0.001g。

3.2.2 实验方法

使用两种方法对油量进行标定，建立低场核磁 T_2 谱积分面积(即累积信号幅值)与煤油质量换算关系式。第一种方法使用采用真实岩样进行标定，通过测试饱和油岩心样品离心前后质量变化与 T_2 谱变化进行标定；第二种方法选用不含氢质子信号色谱瓶装满一定质量煤油样品(图 3-7)进行标定。具体实验步骤如下：

（1）使用 MesoMR-060H-HTHP-I 低场核磁共振分析仪测定四块岩心样品饱和油状态下 T_2 谱。

（2）将岩心样品置于 CSC-12(S)超级岩心高速冷冻离心机中，分别在转速 3000～9000r/min 下离心 60min[转速增幅为 1000r/(min/次)]，测定每个转速离心前后岩心样品 T_2 谱，并使用精密天平 A & D GF-1000 称量岩心样品质量。

（3）根据三块岩心测定的实验结果，计算给定转速下岩心样品离心前后 T_2 谱累积信号量的差值和岩心质量差，构建煤油质量与累积信号幅值换算关系式 1。

（4）使用不含氢质子信号的色谱瓶装满一定质量煤油样品，测定其 T_2 谱，构建 T_2 谱累积信号幅值与煤油质量换算关系式 2。

（5）分别使用关系式 1 和关系式 2 计算衰竭式水驱油实验前岩心样品中饱和的煤油质量，与称重法结果对比，优选换算关系式。

3.2.3 实验结果与讨论

实验结果(图 3-7)显示，两种方法确定的核磁共振 T_2 谱累积信号幅值与煤油质量进行换算的经验公式均显示出很好的线性相关性(R^2分别为0.95和0.99)。

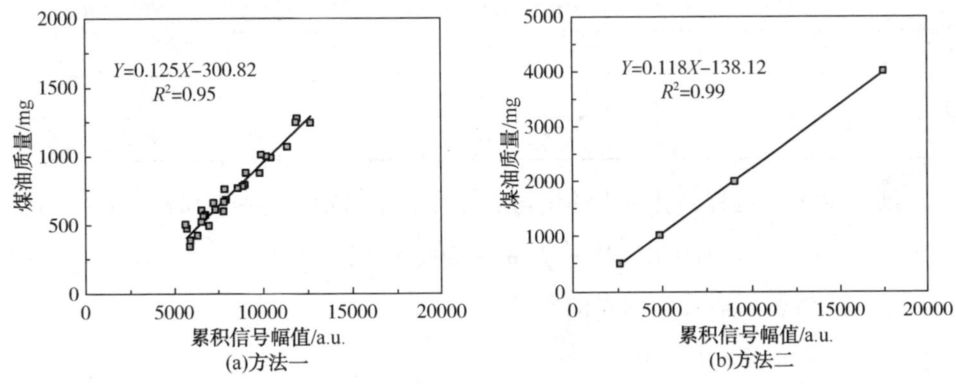

图 3-7　煤油质量标定

选取用于衰竭式水驱油实验的致密岩心样品 D1、D2 和 D3，经过抽真空和加压饱和油(与3.3.1节中岩心样品处理方式相同)，分别使用两种方法拟合得到的经验公式计算岩心孔隙内煤油质量，与称重法确定的煤油质量进行对比(图3-8)。

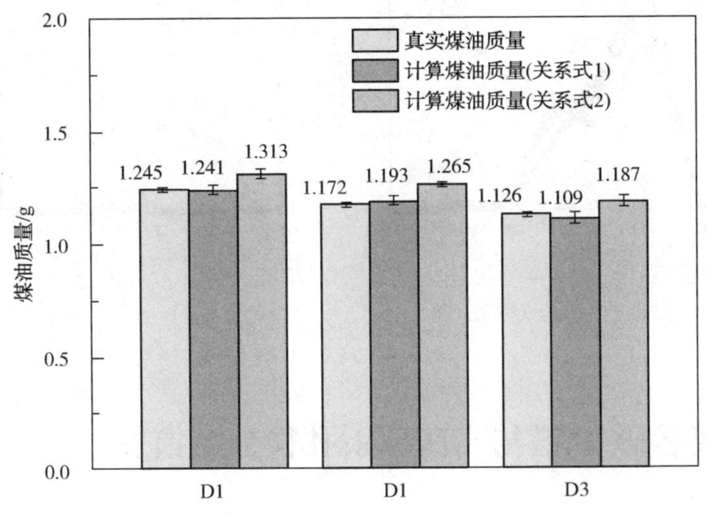

图 3-8　煤油质量标定结果对比

可以看出，使用方法一计算得到的煤油质量更接近真实煤油质量(表3-4)，误差更小(平均1.21%)。

表 3-4 两种方法计算误差对比

岩心编号	方法一计算误差/%	方法二计算误差/%
D1	0.32	5.46
D2	1.79	7.94
D3	1.51	5.42

因此，致密岩心样品孔隙内油量与T_2谱累积信号幅值与换算可使用式(3-1)：

$$m = 0.125 \cdot \sum A_i - 300.82R^2 = 0.95 \tag{3-1}$$

式中 m——致密岩心孔隙内煤油质量，mg；

$\sum A_i$——T_2谱累积信号幅值，a. u. 。

造成这部分差异的主要原因是致密岩心样品T_2谱分布区间较广[图 3-9(a)]，主要反映较小孔隙中流体分布(T_2介于 0.1～100ms)，而使用色谱瓶进行标定[图 3-9(b]时，主要反映较大孔道中流体分布(T_2介于 100～1000ms)，因此，使用方法二进行标定时，会造成较小孔隙中流体信号的部分丢失，产生较大误差。

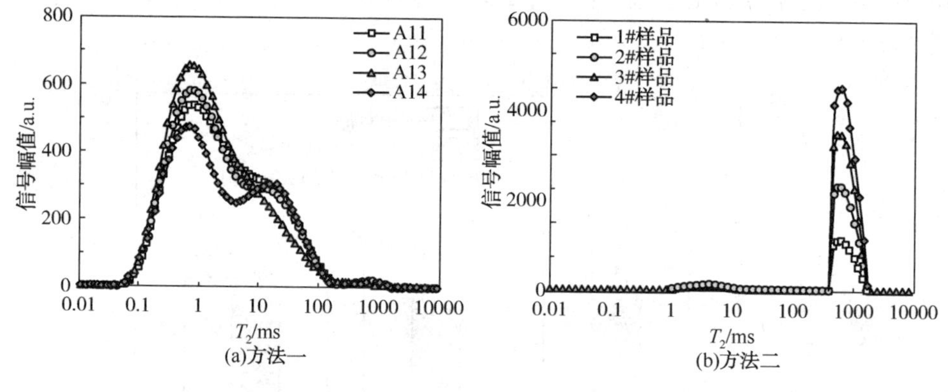

图 3-9 煤油分布 T_2谱

3.3 低场核磁 T_2谱与高压压汞孔径分布换算

致密岩心孔隙与喉道差异较小，认为低场核磁T_2谱确定的孔径分布与高压压汞法确定的孔径分布一致，因此，通过确定表面弛豫率，可建立T_2谱与压汞孔径分布对应关系，本节建立了一种基于高速离心测试与低场核磁共振测试确定致密砂岩岩心表面弛豫率的方法(拟T_2截止值法)。

3.3.1 实验样品与实验装置

1）实验样品

岩心样品及流体样品与3.2.1节相同(表3-2)，主要用于高速离心测试，低场核磁测试，接触角测试以及高压压汞测试。

2）实验装置

高速离心机和低场核磁共振实验装置与3.2.1节相同，除此之外，还需使用高压压汞仪、光学接触角测量仪和界面张力测试仪。其中，高压压汞仪(美国Micromeritics公司生产，型号AutoPore IV 9520)主要技术参数包括：孔径测试范围3nm~1000μm，和最高进汞压力400MPa；接触角测量仪(德国KRUSS公司生产，型号DSA100)主要技术参数包括接触角测量范围为0~180°，界面张力测量范围为0.01~100mN/m，温度范围为-60~400℃；界面张力测试仪(德国dataphysics公司生产，型号DCAT11)主要技术参数包括：界面张力测量范围(1~1000mN/m)，精度(±0.001mN/m)以及温度范围(-10~130℃)等。

3.3.2 实验方法

T_2截止值反映了孔隙中流体流动的界限，高于这个值时，流体为可动流体，反之则为束缚流体。对于油水两相渗流过程，T_2截止值常通过高速离心后T_2谱累积积分曲线获得。借鉴离心法确定T_2截止值原理，可以采取类似的处理方法，通过求解残余油饱和度下对应的T_2值可以确定表面弛豫率。

对于高速离心测试与低场核磁共振测试确定致密砂岩岩心表面弛豫率的方法(定义为拟T_2截止值法)，其原理是：首先，饱和油岩心样品在设定转速下离心一段时间，测定每次离心前后T_2谱，绘制相应累积积分曲线；其次，将每次离心后测定的T_2谱累积积分曲线直线段反向延长，与饱和油状态下测定的T_2谱累积积分曲线相交，交点处T_2值定义为拟T_2截止值(图3-10)；最后，建立不同拟T_2截止值与相应孔隙半径之间函数关系式确定最终表面弛豫率。

具体实验内容包括以下四方面：高压压汞测试、低场核磁测试、高速离心测试、润湿性以及界面张力测试。

1）高压压汞测试

采用Micromeritics Auto Pore IV 9520型高压压汞仪进行测试，以获取岩心孔隙分布资料，确定平均孔隙半径，应用平均值法确定致密岩心表面弛豫率。致密

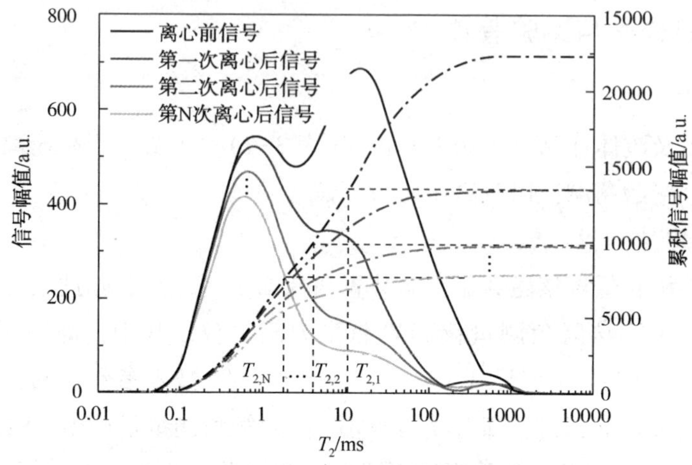

图 3-10 拟 T_2 截止值求解示意图

岩心样品测试前置于 200℃密闭烘箱中，持续 24h。

2）低场核磁测试

在均匀分布磁场中，不考虑扩散弛豫和自由弛豫的影响（相比于表面弛豫的影响可忽略），低场核磁共振弛豫时间 T_2 与孔隙半径可建立以下关系：

$$\frac{1}{T_2}=\rho\frac{S}{V}=\rho\frac{C}{R} \tag{3-2}$$

式中 T_2——弛豫时间，ms；

ρ——表面弛豫率，μm/s；

S——岩心表面积，cm^2；

V——孔隙体积，cm^3；

R——孔隙半径，cm；

C——常数，$C=1$，2，3 分别用于平板模型，毛细管束模型和球状模型，本书中选用毛细管束模型，即 $C=2$。

结合低场核磁与氮气吸附或者高压压汞测试结果，在相同条件下选取 T_2 值与比表面或者孔隙半径，可以确定表面弛豫率。对于致密岩心，最常用的方法（平均值法）是选取压汞法测试得到的平均孔隙半径和低场核磁测试得到的平均弛豫时间，按下式计算确定表面弛豫率：

$$\rho=\frac{T_{2LM}\times R_p}{C} \tag{3-3}$$

$$T_{2LM} = \exp \frac{\sum \ln(T_{2i}) \times \phi_i}{\sum \phi_i} \tag{3-4}$$

$$R_p = \frac{\sum (r_{i-1} + r_i)(s_i - s_{i-1})}{2\sum (s_i - s_{i-1})} \tag{3-5}$$

式中 T_{2LM}——弛豫时间平均对数值，ms；

R_p——平均孔隙半径，μm；

r_i——某点孔隙半径，μm；

s_i——某点汞饱和度，%。

与平均值法类似，选取 T_2 截止值和相应的孔隙半径，同样可以确定表面弛豫率。

3）高速离心测试

对致密岩心进行高速离心，在给定转速下分别持续进行 1h。离心力按式(3-6)计算：

$$P_c = 1.097\times10^{-7}\Delta\rho L\left(R_e - \frac{L}{2}\right)n^2 \tag{3-6}$$

假定离心力等于毛管力，可以得到

$$P_c = P_{ci} = \frac{2\sigma\cos\theta}{R} \tag{3-7}$$

式中 P_c——离心力，MPa；

L——岩样长度，cm；

R_e——岩样旋转半径，cm；

$\Delta\rho$——油气两相密度差，g/cm^3；

n——离心机转速，r/min；

P_{ci}——毛管力，MPa；

σ——油气界面张力，mN/m；

θ——润湿角，(°)；

R——孔隙半径，μm。

4）润湿性和界面张力测试

由式(3-6)和式(3-7)可知，为确定岩心样品的孔隙半径，需要先确定润湿角和油气界面张力。根据石油行业标准 SY/T 5153—2007《油藏岩石润湿性测定方法》，采用接触角法确定岩心样品润湿性。根据石油行业标准 SY/T 5370—1999《表面及界面张力测定方法》，确定煤油样品界面张力。

根据上述原理，基于拟 T_2 截止值法确定致密岩心表弛豫率，具体步骤如下：

（1）使用 MesoMR-060H-HTHP-I 低场核磁共振分析仪测定饱和样品 T_2 谱。

（2）将致密岩心样品置于 CSC-12(S)超级岩心高速冷冻离心机，分别在转速为 3000~9000r/min 下离心 60min[转速增幅为 1000r/(min/次)]，然后，取出岩心样品，测定每个转速离心前后岩心样品 T_2 谱，直到测定 T_2 谱几乎不变为止。

（3）绘制各个转速下测定的 T_2 谱累积积分曲线，将其直线段反向延长，与岩心饱和油状态下测定 T_2 谱累积积分曲线相交，交点处对应 T_2 值，即拟 T_2 截止值。

（4）测定岩心样品 A31-A34 润湿角及油气界面张力，根据式(3-6)与式(3-7)计算不同转速下离心力和相应孔隙半径，根据不同转速下确定 T_2 拟截止值和相应孔隙半径，计算表面弛豫率，建立表面弛豫率与 T_2 值函数关系，确定最终表面弛豫率。

（5）岩心样品 A21-A24 进行高压压汞测试，确定孔径分布，利用平均值法计算岩心表面弛豫率。

（6）根据表面弛豫率计算结果(拟 T_2 截止值法和平均值法)，将 T_2 谱转化为孔径分布，与高压压汞法实测孔径分布对比。

3.3.3 实验结果

1）岩心物性参数

岩心样品 A1-A4 分别切割为三段后，认为每小段岩心样品物性参数与切割前一致，可以确定岩心样品 A11-A14 基本物性参数(表 3-5)，包括气测孔隙度、渗透率、平均孔隙半径和接触角。

表 3-5 岩心样品物性参数测试结果

岩心编号	气测渗透率/ $10^{-3}\mu m^2$	气测孔隙度/%	饱和油孔隙度/%	平均孔隙半径/μm	接触角/(°)
A11	0.068	12.37	8.55	0.034	26.2
A12	0.057	10.69	8.65	0.027	30.3
A13	0.023	14.42	8.48	0.039	29.5
A14	0.042	9.56	6.88	0.029	32.8

2）拟 T_2截止值法确定表面弛豫率

根据四块岩心在不同转速下离心前后得到的 T_2谱，绘制相应的累积积分曲线（图 3-11），结合离心力与毛管力相等这一假设，可以确定不同转速下对应的毛管力，最终，可以确定拟 T_2截止值及表面弛豫率（表 3-6）。

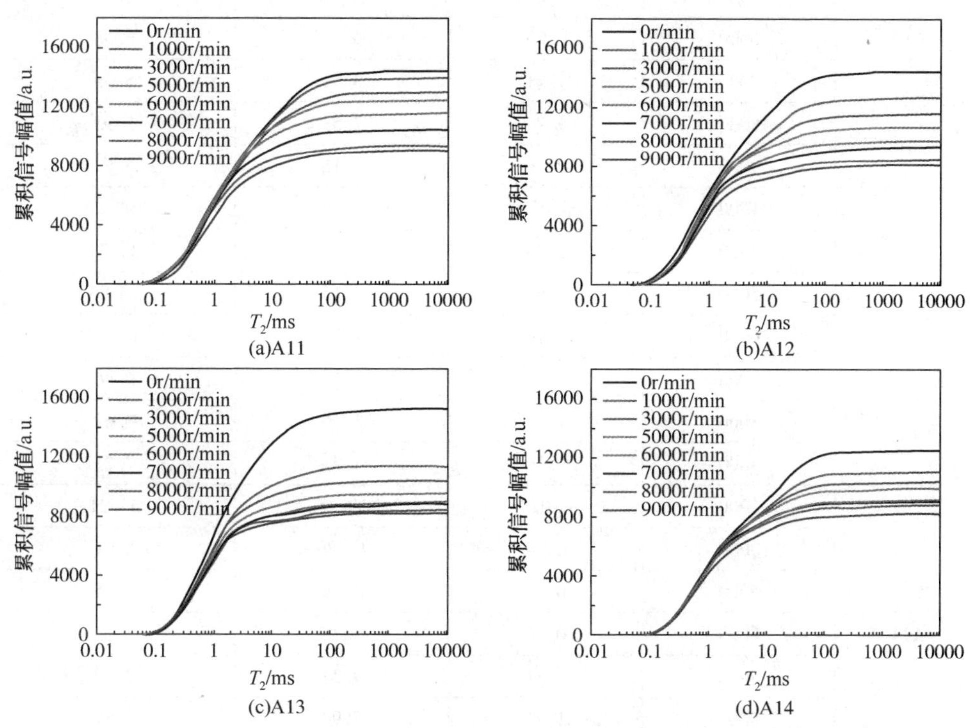

图 3-11 致密岩心样品不同转速下 T_2谱累积积分曲线

表 3-6 表面弛豫率测试结果

岩心编号	转速/(r/min)	毛管力/MPa	拟 T_2截止值/ms	表面弛豫率/(μm/s)
A11	1000	0. 027	65. 79	14. 79
	3000	0. 24	29. 15	3. 71
	5000	0. 67	21. 05	2. 85
	6000	0. 96	12. 92	2. 92
	7000	1. 31	7. 32	2. 71
	8000	1. 71	4. 13	3. 28
	9000	2. 16	3. 51	3. 12

续表

岩心编号	转速/(r/min)	毛管力/MPa	拟 T_2 截止值/ms	表面弛豫率/(μm/s)
A12	1000	0.027	21.05	45.77
	3000	0.24	12.92	8.29
	5000	0.67	6.73	5.72
	6000	0.96	4.13	6.48
	7000	1.31	3.51	5.59
	8000	1.71	2.53	5.93
	9000	2.16	2.15	5.52
A13	1000	0.027	4.86	199.23
	3000	0.24	2.98	34.72
	5000	0.67	2.15	16.85
	6000	0.96	1.75	11.98
	7000	1.31	1.65	9.46
	8000	1.71	1.56	7.62
	9000	2.16	1.48	7.21
A14	1000	0.027	29.15	33.21
	3000	0.24	17.89	6.01
	5000	0.67	15.20	2.55
	6000	0.96	10.97	2.45
	7000	1.31	9.33	2.12
	8000	1.71	7.92	1.51
	9000	2.16	5.72	2.64

3.3.4 结果讨论

1）最终表面弛豫率

根据拟 T_2 截止值法计算的表面弛豫率，使用幂指数函数拟合，建立不同转速下确定的拟 T_2 截止值与表面弛豫率之间函数关系(图 3-12)，分别为：

(1) $\rho_{11}=2.26E-11\cdot\exp(0.83\cdot T_2)+2.98$；

(2) $\rho_{12}=1.48E-6\cdot\exp(1.11\cdot T_2)+5.85$；

(3) $\rho_{13}=6.86E-3\cdot\exp(3.97\cdot T_2)+4.66$；

(4) $\rho_{14}=9.01E-14\cdot\exp(0.85\cdot T_2)+2.17$。

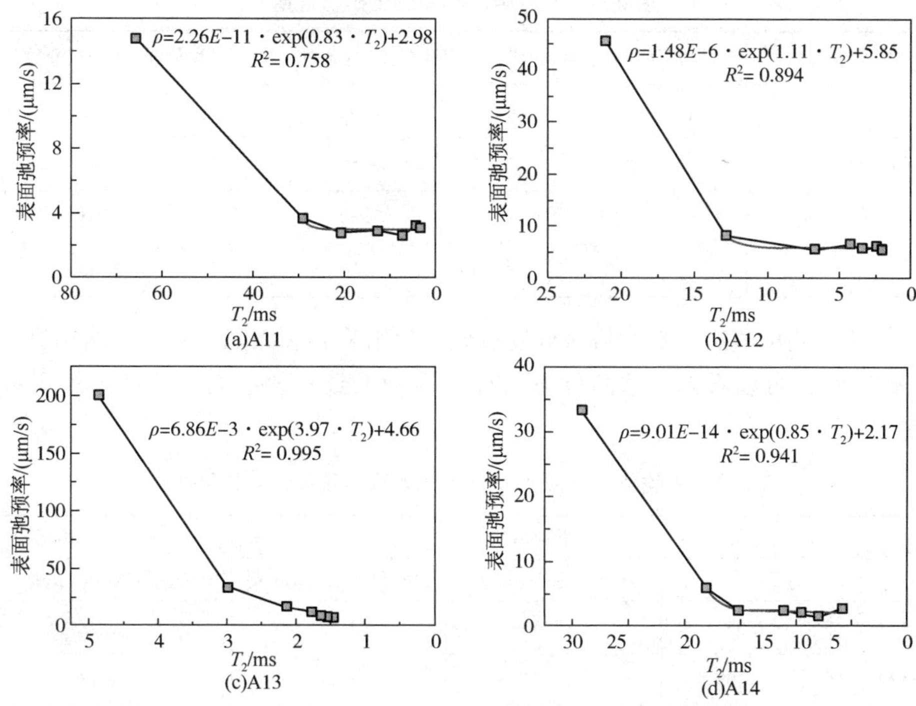

图 3-12　致密岩心样品表面弛豫率与拟 T_2 截止值关系

表 3-7 为岩心样品黏土矿物含量表，图 3-13 为岩心表面弛豫率与伊利石含量关系图。

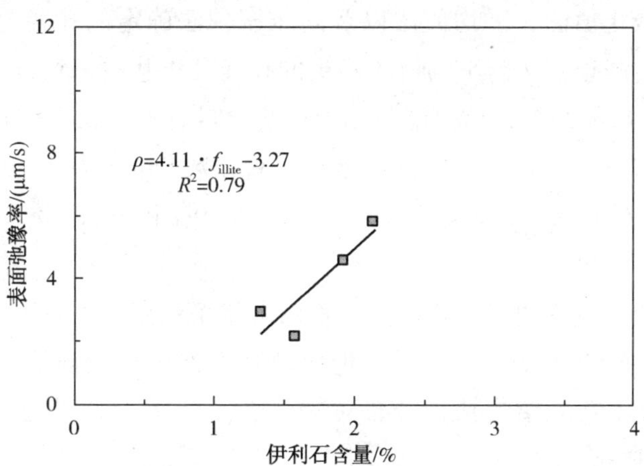

图 3-13　致密岩心表面弛豫率与伊利石含量(质量分数)关系

表 3-7 致密岩心样品黏土矿物含量

岩心编号	伊利石(质量分数)/%	绿泥石(质量分数)/%	伊/蒙混层(质量分数)/%
A11	1.34	5.42	4.23
A12	2.14	6.88	5.95
A13	1.93	7.30	6.05
A14	1.58	5.54	3.60

将拟 T_2截止值法与平均值法分别得到的致密岩心表面弛豫率计算结果进行对比(表 3-8)，可以看出，这两种方法计算得到的致密岩心表面弛豫率结果基于一致。

表 3-8 平均值法与拟 T_2截止值法表面弛豫率计算结果对比

岩心编号	平均值法			拟 T_2截止值法
	T_2平均值/ms	平均孔隙半径/nm	表面弛豫率/(μm/s)	表面弛豫率/(μm/s)
A11	2.53	37.6	3.72	2.98
A12	2.29	46.7	5.11	5.85
A13	1.84	28.8	3.91	4.66
A14	4.58	45.8	2.49	2.17

2) T_2谱与孔径分布换算

对比拟 T_2截止值法、平均值法以及高压压汞法确定的孔径分布(图 3-14)，可以看出，拟 T_2截止值法与平均值法确定的孔径分布基本一致，与高压压汞法确定的孔径分布大致能匹配，这可能与黏土矿物含量有关，黏土矿物含量较高的致密岩心样品[A12 和 A13 黏土矿物含量(质量分数)分别为 14.97%和 15.28%，A11 和 A14 黏土矿物含量(质量分数)分别为 10.99%和 10.72%] T_2谱与孔径分布匹配程度更好。

基于拟 T_2截止值法确定了致密岩心表面弛豫率，克服了高压压汞测试耗时耗力，操作流程复杂的缺点，提供了一种快速高效确定致密岩心表面弛豫率的方法，可以有效地建立 T_2谱与孔径分布对应关系，提高了 T_2谱与孔径分布相互转换的可操作性和准确性。

3) 孔隙类型划分

根据 Loucks 等提出的孔隙类型分类方法，可以将孔隙分为四类：纳米孔

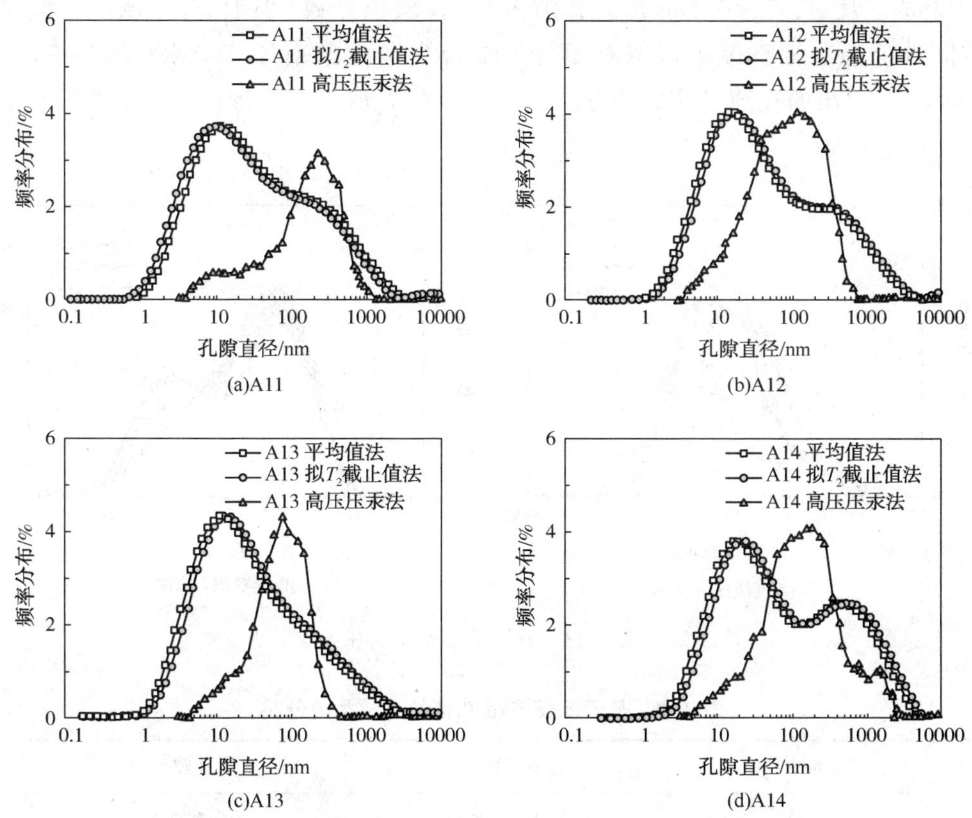

图 3-14 三种方法确定的致密岩心样品孔径分布对比

(1nm~1μm)，微孔(1~62.5μm)以及中孔(62.5μm~4mm)。高压压汞测试结果[图 3-15(a)]显示，孔径分布可以分为四类：1~10nm、10~100nm、100~1000nm 以及>1000nm。参照此类划分标准可知，致密岩心样品孔隙类型主要为纳米孔和微米孔。相应地，T_2谱反映了孔隙空间中流体分布，即孔隙中所占油比例。使用 CPMG 序列测试过程中，要求回波时间大于 6 倍 P_2(180°射频脉冲宽度)。实验中，选择 $T_2=0.2$ms 能满足要求(测试 $P_2=24$μm)。该测试条件下会造成 T_2小于 0.2ms 那部分信号丢失，无法反映 T_2小于 0.2ms 的孔隙空间真实的油相分布。但是，使用 SIRT 反演算法，将 T_2小于 0.2ms 部分通过拟合得到，结果显示，T_2介于 0.01~0.1ms 和 0.01~0.2ms 这两部分孔隙空间的油相平均质量分数分别为 0.97%和 2.14%，因此，对于解释油相分布规律以及后期渗吸置换规律影响不大，可以忽略不计。为了保持更好的连续性，根据 T_2谱测试结果[图 3-15(b)]，孔径分布可以划分为三类：<0.1ms、0.1~100ms 以及

>100ms。其中，T_2<0.1ms 部分孔隙占比例(质量分数)小于 1%，该部分储集空间对于总油量贡献可以忽略不计。结合表面弛豫率计算结果(表 3-7)与 Loucks 等提出的孔隙尺寸划分方法，可以根据 T_2值大小，将孔隙类型进行简单分类(表 3-9)。

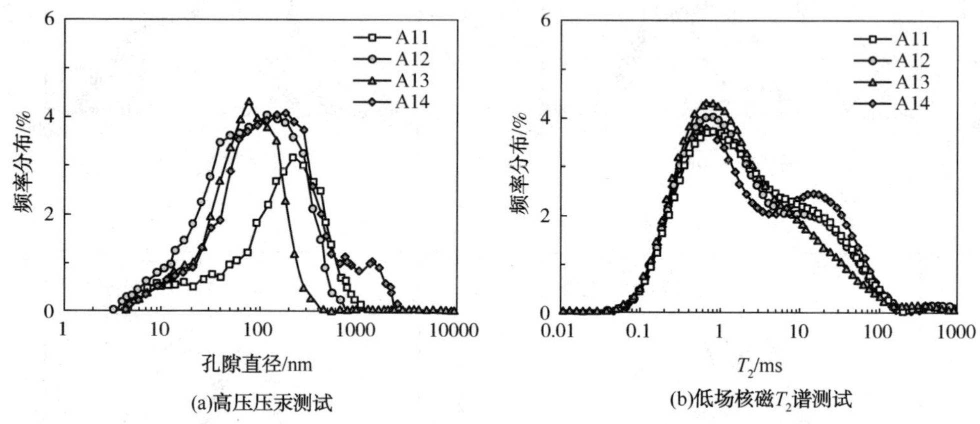

图 3-15　孔径分布结果对比

表 3-9　基于低场核磁 T_2值的孔隙类型分类

T_2/ms	孔隙直径/nm	孔隙类型
0.1~100	1~1000	纳米孔
>100	>1000	微孔/中孔

4) 微-纳米孔隙中油相分布规律

致密岩心孔隙内油相分布可由低场核磁 T_2谱测试结果得到(图 3-16)，根据 T_2值大小，依次分布在<0.1ms、0.1~1ms、1~10ms、10~100ms 和>100ms 五类储集空间中。

可以看出，质量分数为 96.76%~97.25%的油集中分布于纳米孔(0.1ms≤T_2≤100ms)内。在第 3 章中，将针对这类孔隙空间中的渗吸置换规律进行重点讨论。同时，为便于讨论，将纳米孔进一步划分为纳米微孔(0.1ms≤T_2<1ms)，纳米中孔(1ms≤T_2<10ms)和纳米大孔(10ms≤T_2≤100ms)。图 3-15 中，四块致密岩心样品的这三类孔隙空间中，含油质量分数平均值分别为 38.60%、37.64%和 20.73%。

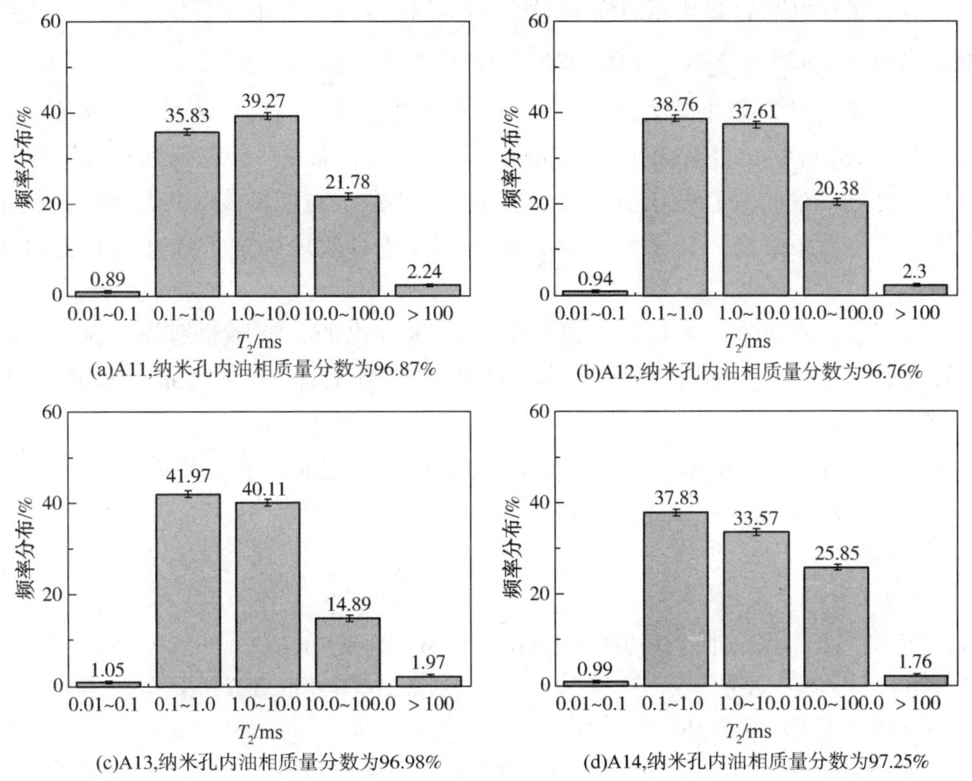

图 3-16 不同孔隙内油相分布比例

3.4 本章小结

以元 284 井区致密岩心样品为研究对象，应用 X 射线衍射分析方法，氮气注入法和脉冲衰减法分别测试了岩心样品的矿物成分、孔隙度和渗透率；选取其中四块柱塞样品，开展高速离心测试、高压压汞测定、润湿性测试以及低场核磁测试等，建立了一种致密岩心微-纳米孔隙内油量标定方法，并建立了拟 T_2 截止值法确定致密岩心表面弛豫率，取得以下主要认识：

(1) 致密岩心样品属于石英长石砂岩，黏土矿物主要由伊利石、绿泥石和伊/蒙混层组成；接触角 26.2°~32.8°，平均 29.7°，属于强水湿；孔隙度 7.36%~13.56%，平均 11.63%；渗透率(0.032~0.099)$\times10^{-3}\mu m^2$，平均 0.047$\times10^{-3}\mu m^2$，属典型的低孔、低渗类型。

（2）建立致密岩心孔隙内煤油质量与低场核磁测试 T_2 谱累积信号幅值换算经验公式 $m = 0.125 \cdot \sum A_i - 300.82R^2 = 0.95$。

（3）建立拟 T_2 截止值法确定致密岩心表面弛豫率，四块致密岩心表面弛豫率分别为 2.98μm/s、5.85μm/s、4.66μm/s 以及 2.17μm/s，计算结果与普遍应用的平均值法一致；拟 T_2 截止值法结合了高速离心测试与低场核磁共振测试，免除了现有技术方案中高压压汞测试这一流程，快速有效地确定了致密岩心表面弛豫率。

（4）结合表面弛豫率计算结果与 Loucks 等提出的孔隙尺寸划分方法，根据 T_2 值大小，将孔隙类型划分为两大类，即纳米孔（$0.1ms \leqslant T_2 \leqslant 100ms$）和微孔/中孔（$T_2 > 100ms$），其中，纳米孔进一步可以细分为纳米微孔（$0.1ms \leqslant T_2 < 1ms$），纳米中孔（$1ms \leqslant T_2 < 10ms$）和纳米大孔（$10ms \leqslant T_2 \leqslant 100ms$）；纳米孔内含油质量分数 96.75%~97.25%，是主要储集空间。

参 考 文 献

[1] 李安琪，李忠兴．超低渗透油藏开发理论技术[M]．北京：石油工业出版社，2015.

[2] 李帅，丁云宏，孟迪，等．考虑渗吸和驱替的致密油藏体积改造实验及多尺度模拟[J]．石油钻采工艺，2016，38(05)：678-683.

[3] Saidian M，Prasad M. Effect of Mineralogy on Nuclear Magnetic Resonance Surface Relaxivity：A Case Study of Middle Bakken and Three Forks formations[J]. Fuel，2015，161：197-206.

[4] Sen P N，Straley C，Kenyon W E，et al. Surface-to-volume Ratio，Charge Density，Nuclear Magnetic Relaxation，and Permeability in Clay-bearing Sandstones[J]. Geophysics，1990，55(1)：61-69.

[5] Loucks R G，Reed R M，Ruppel S C，et al. Spectrum of Pore Types and Networks inMudrocks and a Descriptive Classification for Matrix-related Mudrock Pores[J]. AAPG Bulletin，2012，96(6)：1071-1098.

第 4 章　致密油储层渗吸核磁实验

本章研究致密油储层在毛细管力作用下吸水排油的微观机理，采用渗吸-核磁联测法，测量渗吸过程中岩石质量和核磁 T_2 谱变化。通过岩石质量变化，分析油水两相渗流规律；结合核磁 T_2 谱动态变化，研究油相在样品中的分布及迁移规律。

4.1　实验装置及方法

致密储层孔喉处于微纳米级别，毛细管力较高，具有很强的渗吸能力。地层条件下，致密油储层与水基工作液接触，大量的水基工作液在毛细管力作用下，渗吸进入孔隙中，孔隙中的油被排出，如图 4-1 所示。

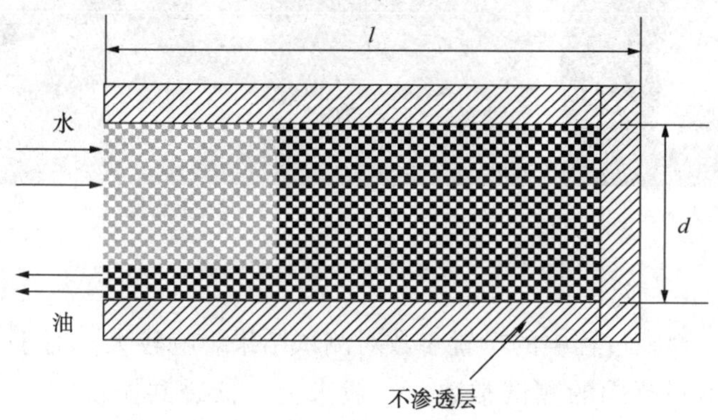

图 4-1　致密油储层样品渗吸排油示意图

4.1.1　实验装置

传统的渗吸排油实验，主要依靠渗吸瓶收集排出的油滴，瓶壁上的刻度可获得排出的油滴体积。具体方法是将饱和油的样品放置于渗吸瓶中，水自动渗吸进入岩石孔隙孔隙驱替出油滴。驱替出的油滴上浮至渗吸瓶顶部，通过上部刻度即可获取驱替出的渗吸排驱的油体积。然而，对于致密油储层而言，样品内含有的油量较小，难以通过渗吸瓶刻度读取，因此需要提高仪器的测量精度。本实验中借助高精度的分析天平和核磁共振对渗吸驱油的过程进行监测、分析。

实验装置为精度为 0.0001g 梅特勒分析天平(型号 ME204E)，如图 4-2(a)所示。通过测量样品质量的变化，根据油和水的密度差，来推测吸入水和排出油的体积。核磁共振仪由苏州纽迈分析仪器股份有限公司提供，型号为 MiniMR-VTP，磁场强度 0.5T，如图 4-2(b)所示。测试温度为 25℃，湿度为 40%，压力为大气压力。核磁共振是一种无损测试方法，通过测量岩石内氢元素含量来分析岩石的物性特征。核磁共振 T_2 谱可以很好地反映孔隙结构和流体分布特征。T_2 值越高，说明赋存流体的孔径越大；某一孔径的岩石中流体越多，则 T_2 谱幅度越大。通过测量渗吸过程中致密储层样品的 T_2 谱，可以很好地获得毛细管力渗吸引起的孔隙流体饱和度分布特征。

(a)分析天平

(b)核磁共振仪

图 4-2 致密油渗吸排油实验装置

核磁共振仪测试过程中的设置参数对测试结果影响较大。对于不同的储层岩石，需要确定不同范围的测试常数。一般来说，核磁共振仪的测试常数主要四个：等待时间、回波个数、回波间隔和扫描次数。等待时间设置太小，会导致大孔隙信号丢失，但是如果设置太长会提高测量时间。对于常规砂岩来说，等待时间>3000ms 是合适的，对于含有裂缝的页岩和致密砂岩来说，等待时间>8000ms。同理，回波个数和扫描次数越大，越有利于提高测试精度，但是也会增加测试时间，实验中分别设置为 2048 和 64。此外，回波间隔指的是连续两个 180°的脉冲之间的间隔，如果超过 0.3ms，捕捉的小孔中的流体信号就会丢失。但是，对于低场核磁共振仪而言，最小的回波间隔只能设置为 0.3ms，因此采用低场核磁共振仪测量致密储层岩石，部分微纳米孔隙是无法测量的。

4.1.2 实验样品

表 4-1 为致密储层物性特征参数。表 4-2 为实验用液体性质参数。

表 4-1　致密储层物性特征参数

编　号	直径/cm	长度/cm	孔隙度/%	渗透率/$10^{-3}\mu m^2$
L136	2.5	5.1	3.6	0.0062
C143	2.5	5.3	2.5	0.15
CP9-3	2.5	3.5	8.1	0.014

表 4-2　实验用液体性质参数(25℃条件下测得)

类　型	密度/(g/cm^3)	黏度/cP	表面张力/(N/m)
蒸馏水	1.0	0.9	72
20%(质量分数) $MnCl_2$	1.3	0.9	74.2
煤油	0.81	1.32	29
氘水	1.1	—	—

高浓度(>20%)的 $MnCl_2$ 溶液能够很好地屏蔽水中的氢信号，抑制水中的核磁共振信号。由于水中加入了 $MnCl_2$ 屏蔽了水的核磁信号，因此测量的 T_2 谱动态曲线，就很好地反映出渗吸作用下岩石孔隙中的含油量变化(图 4-3)。

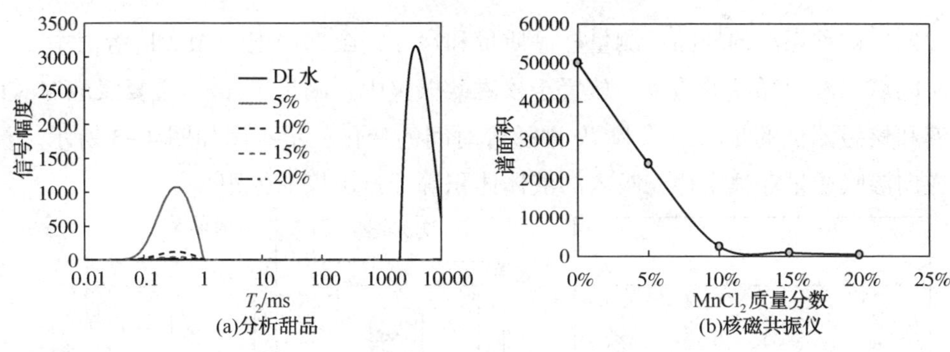

图 4-3　致密油渗吸排油实验装置

4.1.3 实验方法

将致密储层样品进行洗油，由于储层含盐量不高，不需要洗盐。洗油一般采用索式抽提器来提取样品中的原油，将加热溶解原油能力较强的有机溶剂(苯—乙醇)变成蒸气，冷凝后滴到含油的样品上，对孔隙中的原油进行溶解、清洗。

当含油有机溶剂充满整个岩心室时，在虹吸作用下含油溶剂自动流入烧瓶中，再次加热、冷凝、滴入、回流。这样循环清洗，直到样品中的原油被清洗完毕为止。索氏抽提器主要包括岩心室、冷凝管、烧瓶和加热器，如图 4-4(a)所示洗油完毕后，在 105℃下烘干样品，至质量不再变化。置于饱和装置中，对样品进行抽真空 2~3h，除去压力室中的空气，然后通入煤油，转动手摇泵进行加压饱和，饱和时间持续 48h，如图 4-4(b)所示。

(a)抽提器

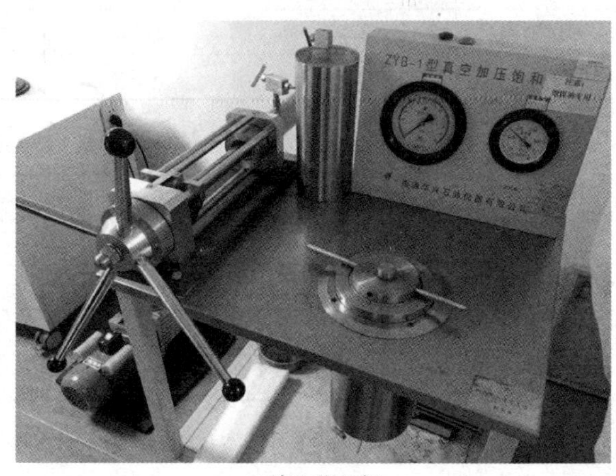

(b)真空饱和仪

图 4-4　致密油样品实验处理装置

取出饱和煤油的样品，测量样品质量和尺寸，全部浸泡于 $MnCl_2$ 溶液中，一段时间后，测量样品的质量，放置于核磁共振仪中，测量 T_2 谱。重复浸泡 $MnCl_2$ 溶液和核磁测试的步骤，绘制 T_2 谱随着时间的变化，示意图如图 4-5 所示。根据逆向渗吸质量守恒定律，吸入的液体体积等于排出煤油体积。

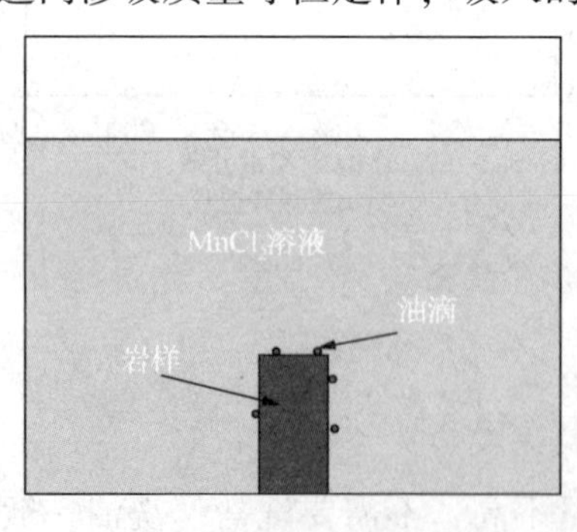

(a)全浸泡自发渗吸实验

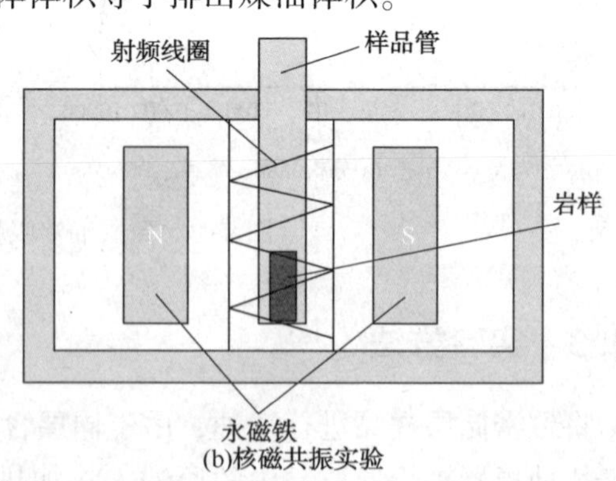

(b)核磁共振实验

图 4-5　致密储层样品渗吸实验示意图

可采用两种方法确定渗吸驱替出的煤油体积，分别是谱面积法和质量法。两种方法，可以相互对比，验证测试结果的准确性。质量法，需要考虑煤油与 $MnCl_2$ 溶液的密度差异，样品吸水排油，质量不断增加，则采出的煤油体积为：

$$V_{oil}=\frac{\Delta m}{\rho_w-\rho_o} \tag{4-1}$$

T_2 谱包罗的谱面积反映了样品内煤油的信号强度，与煤油的体积呈正比关系。根据实验前测得的煤油谱面积与饱和煤油体积比例系数，可以计算出渗吸排出的煤油体积。

$$V_{oil}=\Delta S\cdot\alpha \tag{4-2}$$

式中 V_{oil}——渗吸排出的油体积；

Δm——渗吸过程中致密样品的质量变化；

ρ_w——$MnCl_2$ 水溶液的密度；

ρ_o——煤油的密度；

ΔS——谱面积的变化；

α——煤油体积与谱面积的比例系数。

4.2 致密砂岩储层渗吸驱油实验结果

4.2.1 孔隙型致密储层油相迁移

浸没于水中的致密油样品逐渐发生渗吸排油作用，水在毛细管力作用下吸入岩石样品，油滴逐渐被排出并附着于样品表面，如图 4-6 所示。图中，油滴体积较小，在样品表面倾向于分布较为均匀。说明对于致密储层而言，毛细管力渗吸可以自发排驱孔隙中赋存的油，有助于致密油的产出。

在渗吸初期阶段，T_2 谱包罗面积迅速减小，同时峰值整体右移，说明水优先进入小孔驱替油，使得含油饱和度迅速减小；随着渗吸时间的增加，T_2 谱包围的面积变化速率降低，说明渗吸速率减小，含油饱和度下降速率减小；渗吸时间继续增加，T_2 谱包罗面积不再变化，说明孔隙中残余的油仅仅依靠毛细管力无法排出了，含油饱和度不再降低，渗吸作用基本结束。

核磁共振测试仪记录了致密储层样品 T_2 谱随着渗吸时间的变化，如图 4-7 所示。可以看出，随着渗吸时间的增加，T_2 谱的包罗的谱面积逐渐减少，说明样品中孔隙中煤油逐渐被水取代，排出的煤油体积等于吸入的水的体积。虽然致

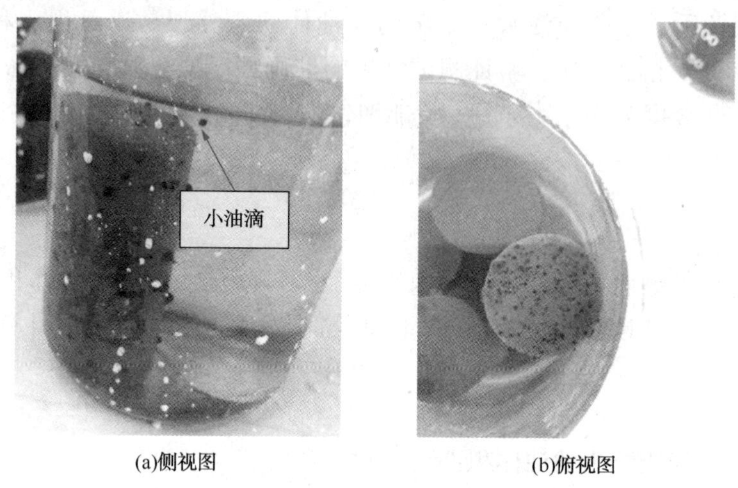

图 4-6　饱和油样品渗吸排油肉眼观测

密样品 T_2 谱左峰和右峰的谱面积都随着渗吸时间的增加逐渐减少，然而减少的速度却存在较大差异，说明不同孔径的孔隙中的煤油排出的速度并不相同。左峰(S 区小孔)峰值信号幅度从 450 下降到 213，变化幅度约 52.6%；右峰(M 区和 L 区大孔)峰值信号幅度从 245 下降到 215，变化幅度约 12.2%。可见，水在毛细管力作用下优先进入小孔，小孔中的煤油优先被排出。此外，左峰(S 区小孔)峰顶逐渐向右移动，也说明小孔中的渗吸排油速度大大高于大孔。

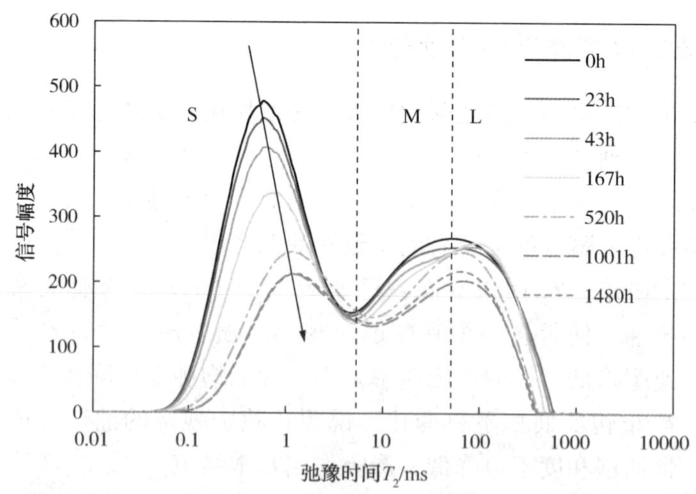

图 4-7　C143 致密储层样品渗吸 T_2 谱随着时间的变化

随着渗吸时间的增加，孔隙中的煤油并不都是递减的。对于S区小孔而言，谱面积逐渐下降，当时间超过1001h后，谱面积基本不变。说明小孔中剩余油，最终进入残余油状态，已经无法依靠毛细管力排出了；对于M区中孔而言，谱面积开始逐渐下降，当渗吸时间超过1001h后，谱面积开始增加，说明部分煤油运移进入了中孔中；对于L区大孔而言，谱面积呈现出震荡式下跌，说明大孔中的原油处于动态运移过程中，排出的煤油体积高于进入的煤油。总体来看，孔隙越小，毛细管力越高，渗吸排驱作用越强。小孔中的煤油有两种排出路径：一种是直接排出进入储层外部，被开采出来；另一种是从小孔中运移进入稍大一点的孔隙，逐渐被排出。因此，可以看到小孔的信号幅度逐渐单调下降，而大孔中的信号幅度呈现震荡式下降。通过核磁共振成像，可以很好地验证原油动态运移的特征，如图4-8所示。随着渗吸时间的增加，红色的煤油逐渐减少，然而煤油主要聚集于左侧。随着左侧的煤油逐渐被排出，其余部分的煤油逐渐向左侧运移，最终被排出(图4-9)。

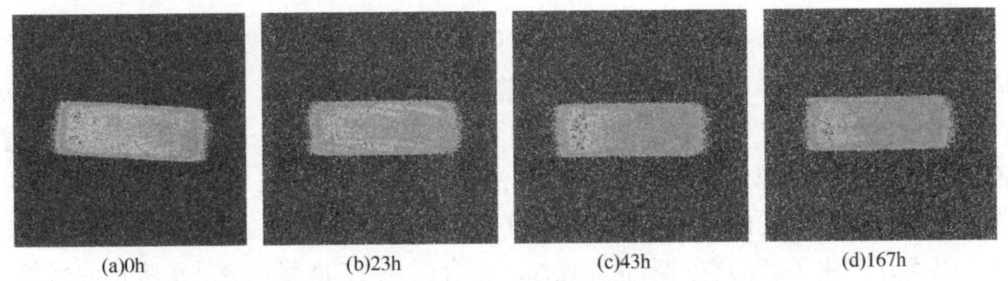

图4-8 饱和油样品核磁成像

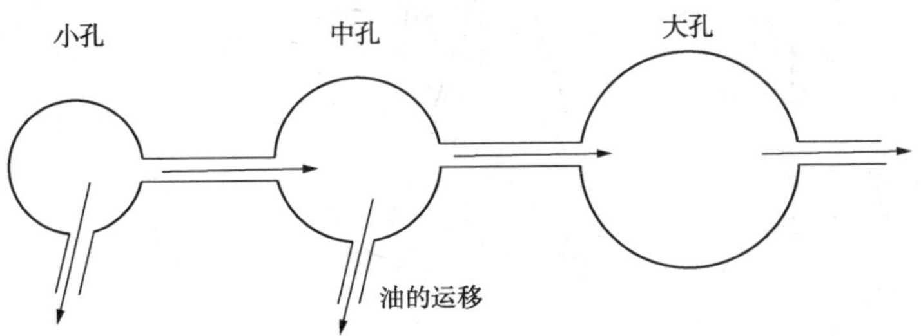

图4-9 大孔、中孔、小孔间油的运移与排出

为了进一步分析渗吸排油规律，绘制谱面积随着渗吸时间的变化曲线和谱面积随着时间平方根$\sqrt{t}$的变化。可以看出随着时间的增加，谱面积起初下降较快，之后下降速度逐渐减缓，最终谱面积随着渗吸时间的延长不再增加。依靠毛细管

力渗吸排驱作用开采原油可以达到45%。谱面积的下降幅度与$\sqrt{t}$基本呈线性关系（图4-10）。

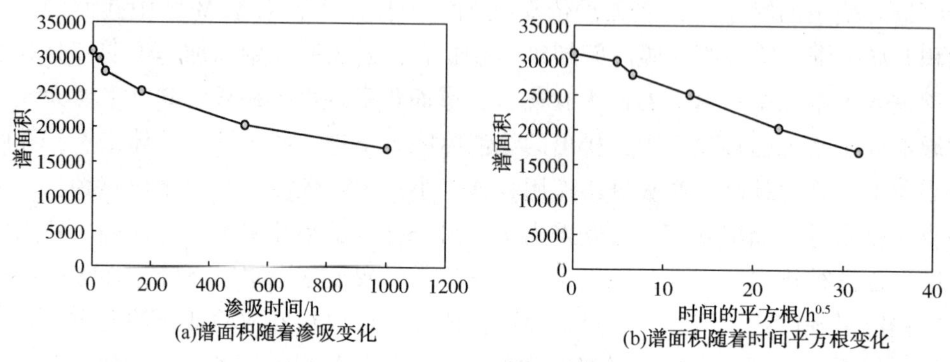

图4-10　饱和油样品渗吸过程中谱面积变化

4.2.2　硬脆型致密储层油相迁移

图4-11为扶余油层致密储层样品渗吸T_2谱随着时间的变化。扶余油层的核磁共振呈现出单峰特点，谱面积随着渗吸时间的增加，谱面积逐渐下降（图4-12）。但是，某一孔径中的煤油量并不是单调递减的。S区和L区小孔，谱面积同步下降，说明小孔和大孔中的煤油优先被驱替出来，直至进入残余油状态。然而，M区中孔的谱面积先震荡式下降的趋势，部分孔隙中煤油先减小后升高；甚至还产生了新的空间来储存煤油。结合图4-12肉眼观测的渗吸排油现象，

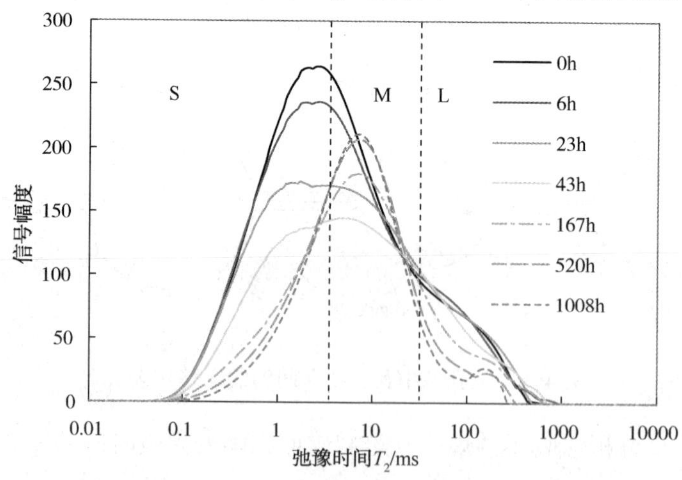

图4-11　CP9-1致密储层样品渗吸T_2谱随着时间的变化

可以看出大量的油滴从样品表面析出，油滴体积明显高于C143样品。实验过后，样品表面产生了大量的微裂缝。可以推测，扶余油层特殊的 T_2 谱变化很大程度上有水敏性黏土矿物有关。水敏性黏土矿物含量较高，遇到水后膨胀，在水化膨胀应力作用下，诱发裂缝扩展。S区和L区小孔的谱面积同步下降，可以得出，水优先进入小孔和微裂缝中排驱煤油。原有的中孔及新产生的中孔中的煤油，一直出于动态的增加和减少中。

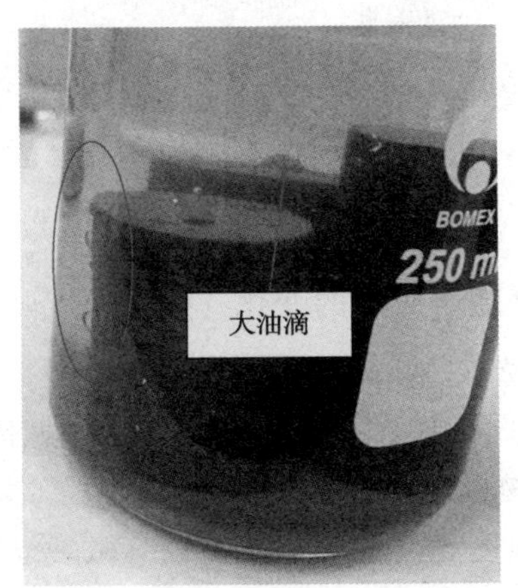

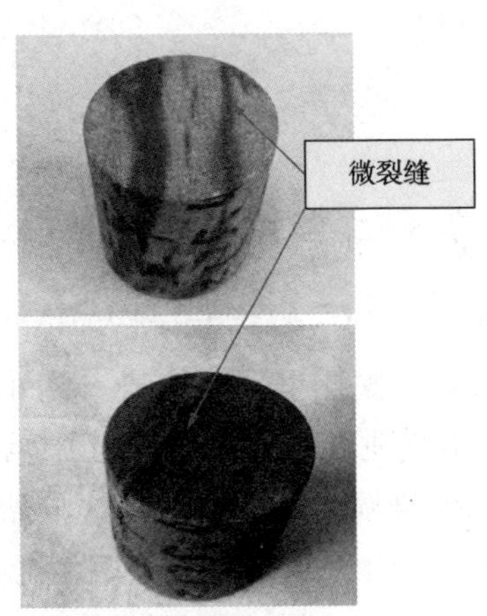

图4-12　饱和油样品渗吸排油肉眼观测

图4-13为饱和油样品渗吸过程中谱面积变化。可以看出，谱面积的下跌分为两段式，初期迅速下跌，逐渐转为缓慢下跌。结合前期研究，可知样品内部含有微裂缝，微裂缝中渗吸排油速率较高。初期以微裂缝排油为主，后期则以基质孔隙排油为主。最终依靠渗吸作用驱替的煤油约为44.3%。图4-14为饱和油渗吸过程中的核磁成像，可以看出煤油(红色部分)逐渐被排驱出来。然而图4-14(a)中，并没有发现明显的微裂缝，说明样品原始微裂缝较小，不易识别。

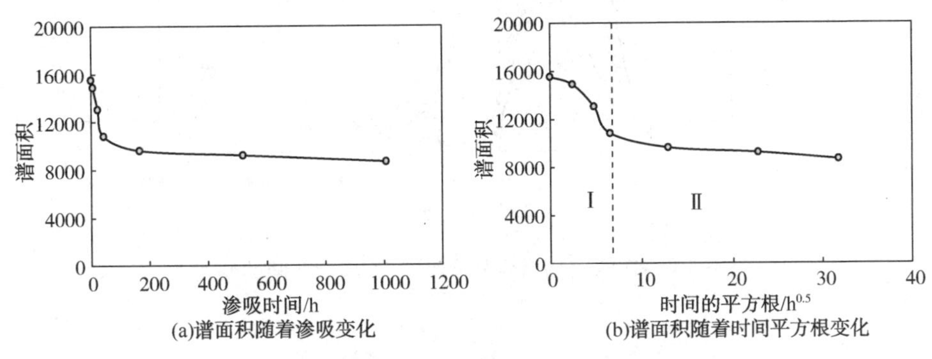

图4-13　饱和油样品渗吸过程中谱面积变化

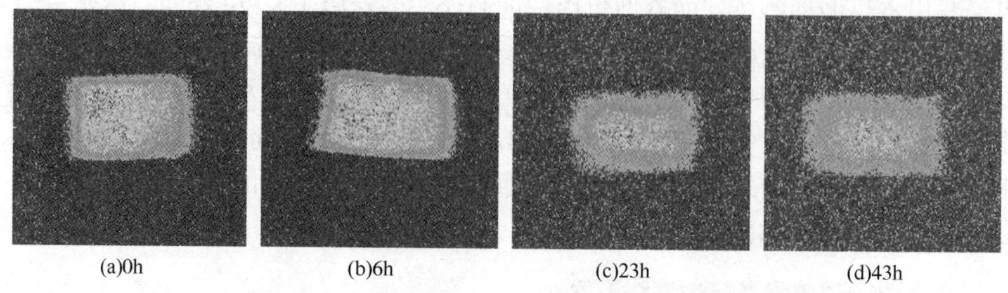

图 4-14　饱和油样品核磁成像

4.2.3　富黏土型致密储层油相迁移

图 4-15 为 C7 致密储层样品渗吸 T_2 谱随着时间的变化。信号幅度随着渗吸时间的延长，整体呈下降趋势。此外，实验后，样品出现明显的微裂缝，这与黏土矿物水化膨胀有关。S 区小孔中信号幅度逐渐下降，煤油逐渐被水驱替出来。M 区中孔信号幅度逐渐增加，这与黏土矿物膨胀，诱发裂缝扩展有关。部分煤油运移进入新产生的裂缝中。L 区大孔信号幅度震荡式增加，这也与微裂缝的产生有关。微裂缝既为煤油增加了新的赋存空间，同时在一定程度上也提高了煤油的运移速度(图 4-16)。

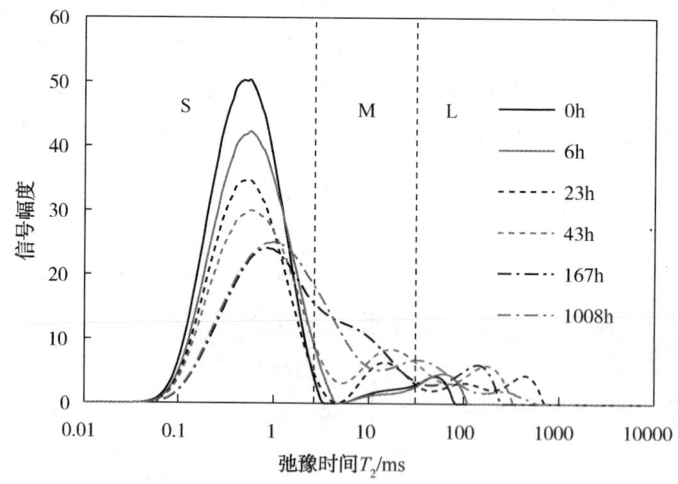

图 4-15　C7 致密储层样品渗吸 T_2 谱随着时间的变化

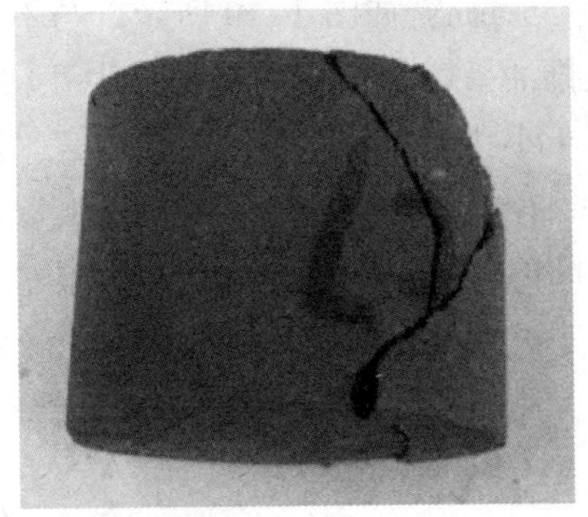

图 4-16 渗吸后 C7 致密储层样品微裂缝形态

图 4-17 展示谱面积随着时间和时间的平方根关系。可以看出，当时间超过 36h 时，谱面积不再降低，说明依靠渗吸能够驱替出的煤油已经完全排驱出来了。可见，富含黏土的致密样品，渗吸平衡时间大大低于低黏土含量的储层。这与黏土矿物含量较高有关。黏土矿物遇到水膨胀，产生大量的裂缝，可以煤油的排驱提供高速通道。但是，富含黏土矿物的致密样品渗吸采收率仅为 20%，约为普通致密储层样品的 1/2。这说明黏土矿物膨胀产生的裂缝在一定程度上提高了渗吸排驱速率，但是也同样会压缩部分孔隙，提高了残余油饱和度。反而不利于提高采收率。

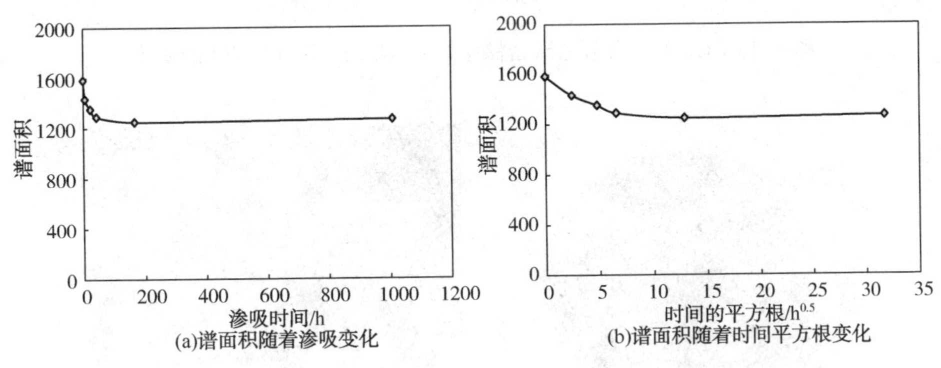

(a)谱面积随着渗吸变化

(b)谱面积随着时间平方根变化

图 4-17 饱和油样品渗吸过程中谱面积变化

4.2.4 裂缝型致密储层相迁移

图 4-18 为含裂缝致密储层样品渗吸 T_2 谱随着时间的变化。样品 C114-1 实验前，可用肉眼观测出微裂缝，主要为顺层理方向。显微镜观测可知，裂缝宽度

约为 100~350μm，如图 4-19 所示。与不含裂缝的致密样品相比，含裂缝的致密样品渗吸排油呈现出不同的特征。中孔(M 区)和大孔(L 区)的信号幅度下降速度明显高于小孔(S 区)。相比小孔而言，微裂缝是渗吸排油的优势通道。结合图 4-20 饱和油样品的核磁成像，饱和油状态下，大量的煤油赋存与微裂缝中。随着渗吸时间的延长，水优先进入微裂缝中，将微裂缝中赋存的煤油驱替出来。随后，小孔中的煤油慢慢排出。渗吸采收率约为 39.6%，如图 4-21 所示。

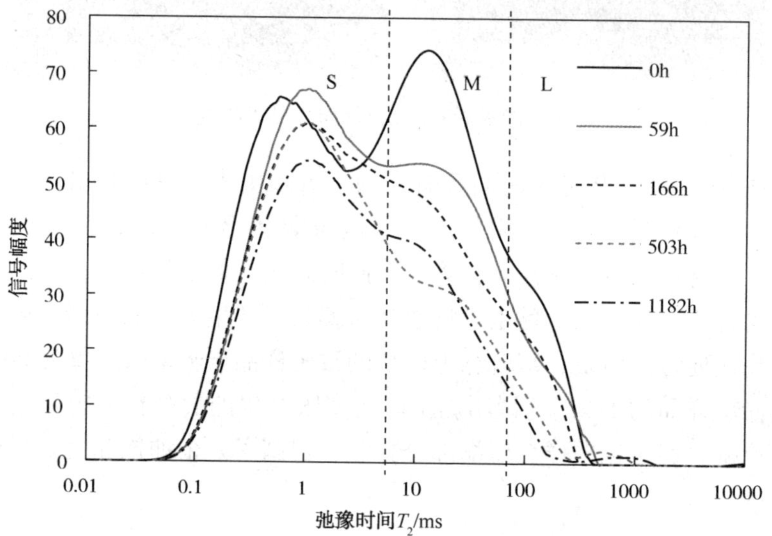

图 4-18　C114-1 含裂缝致密储层样品渗吸 T_2 谱随着时间的变化

图 4-19　渗吸前 C114 致密储层样品微裂缝形态

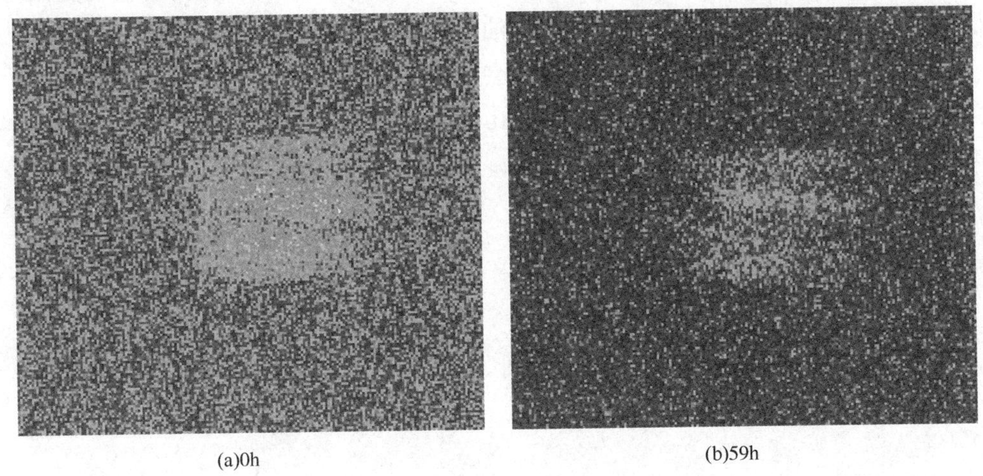

(a)0h　(b)59h

图 4-20　饱和油样品核磁成像

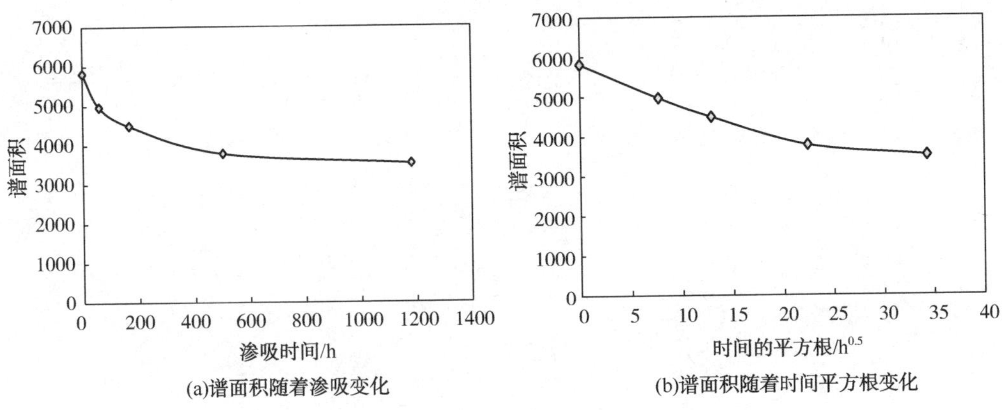

(a)谱面积随着渗吸变化　(b)谱面积随着时间平方根变化

图 4-21　饱和油样品渗吸过程中谱面积变化

4.3　本章小结

本章开展致密油储层压裂液自发渗吸实验，结合核磁共振测试分析仪，分析油相运移规律，研究孔隙结构、黏土矿物和微裂缝等因素对油相运移的影响。主要研究结论如下：

（1）渗吸实验结果显示，压裂液在毛细管力自发渗吸作用下进入致密油储层置换基质孔隙中的原油，依靠自发渗吸作用置换出的原油比例为40%~45%。

（2）对于致密储层而言，孔径分布范围较大，相互连通的大孔、小孔会发生显著的油运移现象，小孔吸水，大孔排油时自发渗吸的重要机理。

（3）部分致密油储层吸入压裂液后会导致微裂缝形成、扩展，微裂缝的产生会改变油的运移路径，油滴优先从小孔和微裂缝中排出，中孔中的油量基本不变。

第 5 章　致密油储层加压渗吸规律实验

压裂液由裂缝进入基质过程中，滤失渗吸和带压渗吸阶段均发生渗吸置换现象，充分理解渗吸置换规律是后续工作的基础。本章以带压渗吸阶段为研究重点，分析净压力作用下的渗吸置换规律。带压渗吸阶段基质周围流体(压裂液)压力普遍高于孔隙压力，基质块处于四周受压状态，取渗吸作用主导的两相渗流区内一个微元(图 5-1)进行分析。可知，该微元在压差(ΔP，带压渗吸阶段初始压力与孔隙压力差值)作用下孔隙体积减小(压实作用)，并且在毛管力作用下发生逆向渗吸($Q_{w/o}$分别代表水相和油相流速)。本章基于低场核磁共振测试技术，开展带压渗吸实验，模拟流体压力作用下的渗吸置换过程，剖析带压渗吸置换机理，并分析了边界条件、初始含水饱和度、层理方向以及矿化度等因素对带压渗吸的影响。物理模拟实验结果不仅有助于理解致密岩心在压差作用下的渗吸置换机理，对于预测油藏尺度焖井时间也有一定指导意义。

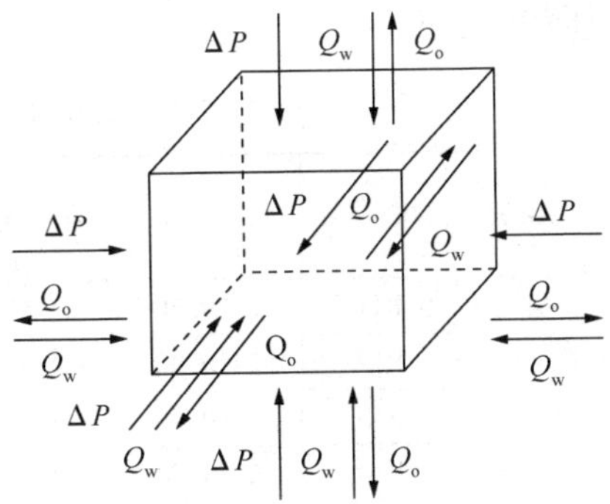

图 5-1　压差作用下逆向渗吸示意图

5.1　实验样品与实验装置

5.1.1　实验样品

1）岩心样品

15 块致密岩心样品(直径 2.54cm，长度 4.8~7.2cm)取自鄂尔多斯盆地延长组主力开发层系长 6_3^2，取心深度 2100~2200m，该井段为三角洲前缘-前三角洲沉积沉积环境，样品岩性以细粒长石岩屑砂岩和粗粉砂岩为主，黏土矿物以伊利石(45.8%)和绿泥石(55.4%)为主。岩心样品经过洗油(溶剂抽提法，30d)，烘干(105℃密闭烘箱，48h)处理后，测定其孔隙度(氮气注入法)和渗透率(脉冲衰减法)。

岩心样品(表 5-1)分为两组，第一组用于分析不同围压对渗吸置换效率影响，优选围压。岩心样品需要在端面截取一段 1~2cm 用于高压压汞测试，其余部分(长度 4.6~5.2cm)使用真空加压饱和装置进行处理，抽真空 48h 后，在 20MPa 压力下使用航空煤油饱和 5d，取出岩心，静置 48h 后用于带压渗吸实验，岩心边界条件为所有面开启(AFO)。实验中岩心孔隙压力忽略不计，因此，在不同围压下开展带压渗吸实验即认为模拟净压力作用下带压渗吸过程。

第二组十块岩心样品在优选围压下继续进行带压渗吸实验，分析不同实验条件(初始含水饱和度、边界条件、矿化度以及层理方向等影响因素)对渗吸置换效率影响。其中，用于分析初始含水饱和度影响的三块岩心样品预先使用真空加压饱和装置进行处理，抽真空 48h 后，在 20MPa 压力下使用氘水饱和 5d，然后使用岩心驱替实验装置造束缚水，使用航空煤油在恒压 0.5MPa 下分别驱替一段时间，营造不同初始含水饱和度条件。其余七块岩心样品同样用真空加压饱和装置进行处理，抽真空 48h 后，在 20MPa 压力下使用航空煤油饱和 5d，然后进行带压渗吸实验。

表 5-1　岩心样品物性参数

实验类别	岩心编号	深度/m	直径/cm	长度/cm	气测渗透率/$10^{-3}\mu m^2$	气测孔隙度/%	饱和油孔隙度/%
高压压汞	B11	2179.70	2.51	1.76	0.034	10.54	—
	B12	2179.90	2.53	1.71	0.030	9.71	—
	B13	2180.40	2.53	1.70	0.048	12.53	—
	B14	2180.60	2.53	1.72	0.031	8.79	—
	B15	2180.60	2.53	1.71	0.049	11.32	—
带压渗吸	B21	2179.70	2.51	5.21	0.034	10.54	9.69
	B22	2179.90	2.53	5.26	0.030	9.71	9.04
	B23	2180.40	2.53	4.96	0.048	12.53	10.76
	B24	2180.60	2.53	5.23	0.031	8.79	7.49
	B25	2180.60	2.53	4.60	0.049	11.32	7.41
	B6	2144.80	2.50	5.41	0.037	11.05	10.21
	B7	2210.80	2.53	5.16	0.077	11.54	10.32
	B8	2070.90	2.53	4.64	0.042	9.56	8.66
	B9	2070.50	2.51	5.54	0.019	9.17	7.98
	B10	2070.60	2.51	5.30	0.059	11.01	9.84
	B11	2136.20	2.51	4.28	0.038	10.85	9.12
	B12	2148.50	2.53	4.84	0.034	8.62	6.98
	B13	2134.00	2.52	5.29	0.099	13.56	11.25
	B14	2070.50	2.53	4.64	0.034	9.71	8.54
	B15	2070.60	2.51	5.54	0.019	9.17	8.01

2）流体样品

实验流体为质量分数为2%~10%的氯化钾氘水溶液和3号航空煤油。其中，氘水(纯度99.9%)和航空煤油均购自实验材料供应商Cambridge Isotope Laboratories，两种流体详细物性参数见表5-2，氯化钾(纯度≥99.8%)购自国药集团化学试剂有限公司。

表5-2 流体样品物性参数

流体类型	密度/(g/cm^3)	黏度/mPa·s	界面张力/(mN/m)
油	0.83	2.53	26.82
氘水	1.09	1.25	72.75

5.1.2 实验装置

低场核磁共振分析仪(型号MesoMR-060H-HTHP-I)与高压压汞仪(型号Micromeritics AutoPore IV 9520)主要技术参数同第2章2.3节。Teledyne ISCO高压高精度柱塞泵(型号260D)，主要技术参数包括：容积266mL、最高压力50MPa、单泵流速范围0.001~107mL/min，双泵连续流动流速范围0.01~80mL/min；活塞式中间容器(美国Corelab公司生产，型号CFR)，主要技术参数包括：材质HC，容积1000mL，最高压力7250psi(1psi=6.895×10^{3}Pa)，最高温度300℉。转向均匀酸化多功能驱替模拟实验装置(美国Corelab公司生产，型号AFS-870)，主要技术参数包括：最高压力70MPa，最高温度177℃，计量泵流速范围0.01~50mL/min，岩心夹持器满足直径1in和1.5in两种类型，长度2~8in可调，中间容器包括3个1000mL活塞容器，其中两个为哈氏合金材质，一个为不锈钢316L材质，压力传感器精度0.1%F.S。

5.2 实验方法

5.2.1 高压压汞

采用高压压汞仪进行测试，获取致密岩心孔径分布及平均孔隙半径，结合低场核磁T_2谱测试结果，应用平均值法确定致密岩心表面弛豫率。致密岩心样品测试前置于200℃密闭烘箱中，持续24h。

5.2.2 带压渗吸

渗吸置换过程影响因素众多，包括与岩心样品的物性参数(孔隙度、渗透率、孔隙结构、润湿性、含水饱和度和重力等)，流体参数(密度、黏度、矿化度和界面张力等)，边界条件(所有面开启、单面开启和两面开启等)以及外部环境(压力和温度等)。本书针对以下影响因素进行重点研究：压力、边界条件、初始含水饱和度、层理方向和矿化度。

首先，分析围压对带压渗吸影响，确定临界压力；其次，在优选压力下继续开展带压渗吸实验，分析边界条件、初始含水饱和度、层理方向和矿化度等单因素对带压渗吸效果影响。因此，将致密岩心样品(表 5-2)分为两组，分别进行测试，第一组饱和油岩心样品(所有面开启)主要用于分析不同压力对渗吸效果的影响，第二组岩心样品用于分析在给定的压力下，边界条件、初始含水饱和度、层理方向和矿化度对渗吸效果的影响。

1) 不同围压下的带压渗吸

第一组岩心样品带压渗吸实验具体步骤如下：

(1) 低场核磁共振分析仪测试岩心样品初始状态 T_2 谱。

(2) 岩心样品与 100mL 2%KCl 氘水溶液置于活塞式中间容器(图 5-2)，打开中间容器上游和下游阀门。

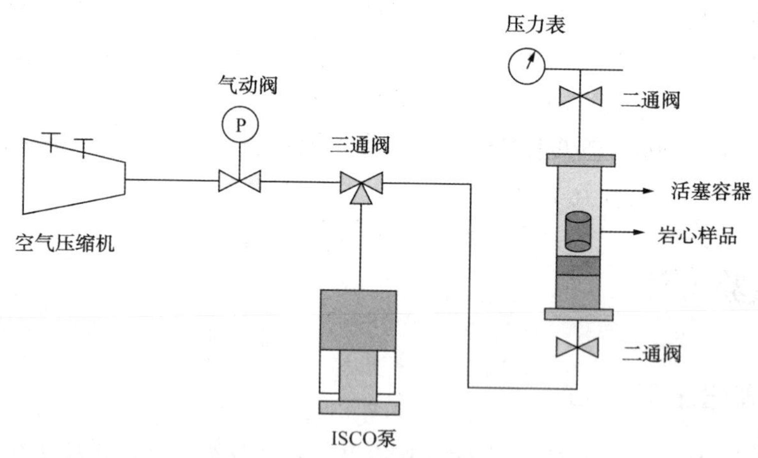

图 5-2 带压渗吸装置示意图

(3) 开启活塞式中间容器的上游和下游的二通阀，然后通过 ISCO 高压高精度柱塞泵以 10mL/min 的恒定流速向中间容器底部持续注入蒸馏水，直到上游的二通阀出液，关闭上游的二通阀。

(4) ISCO 高压高精度柱塞泵切换至恒压工作模式，保持五个活塞式中间容器内压力分别为 0MPa、2.5MPa、5MPa、10MPa 和 15MPa。

(5) 在设定的时刻取出岩心样品，使用棉纱擦干岩心表面后，测定岩心样品 T_2 谱。

(6) 重复步骤(2)~步骤(5)，持续测定 25 天，直到实验结束。

(7) 将不同时间下测定的 T_2 谱累积信号幅值与煤油质量进行换算，按式(5-1)计算渗吸置换效率：

$$R_{oil}=\frac{m_0-m_i}{m_0}\times 100\% \tag{5-1}$$

式中 R_{oil}——渗吸置换效率，%；

m_0——在带压渗吸实验前岩心样品孔隙内煤油质量，g；

m_i——带压渗吸实验过程中，第 i 次测定的岩心样品孔隙内煤油质量，g。

2) 不同条件下的带压渗吸

根据第一组实验中优化的围压，继续开展带压渗吸实验，使用第二组岩心样品(表 5-3)分析边界条件、初始含水饱和度、层理方向和矿化度对渗吸效果影响，步骤与第一组基本一致，不同之处在于实验前岩心样品预处理过程。

表 5-3 带压渗吸影响因素

类别	岩心编号	影响因素	
第一组	B25	围压	0MPa
	B21		2.5MPa
	B22		5MPa
	B23		10MPa
	B24		15MPa
第二组	B6	边界条件	单面开启，OEO
	B7		两面开启，TEO
	B8		两端封闭，TEC
	B9	初始含水饱和度	30%~60%
	B10		
	B11		
	B12	岩心钻取方向	平行层理方向
	B13		垂直层理方向
	B14	矿化度	5%(质量分数) KCl 氘水溶液
	B15		10%(质量分数) KCl 氘水溶液

（1）边界条件。四块饱和油岩心样品（B22、B6、B7 和 B8）边界条件分别为所有面开启[图 5-3(a)]、两面开启[图 5-3(b)]、单面开启[图 5-3(c)]和两端封闭[图 5-3(d)]。其中，两面开启和单面开启岩心的侧面使用全氟乙烯丙烯共聚物（FEP）材质热缩管进行包裹，单面开启和两端封闭岩心的端面使用 2mm 厚 FEP 材质圆形薄片以及少量环氧树脂（型号：EPON™ Resin 828）进行密封。

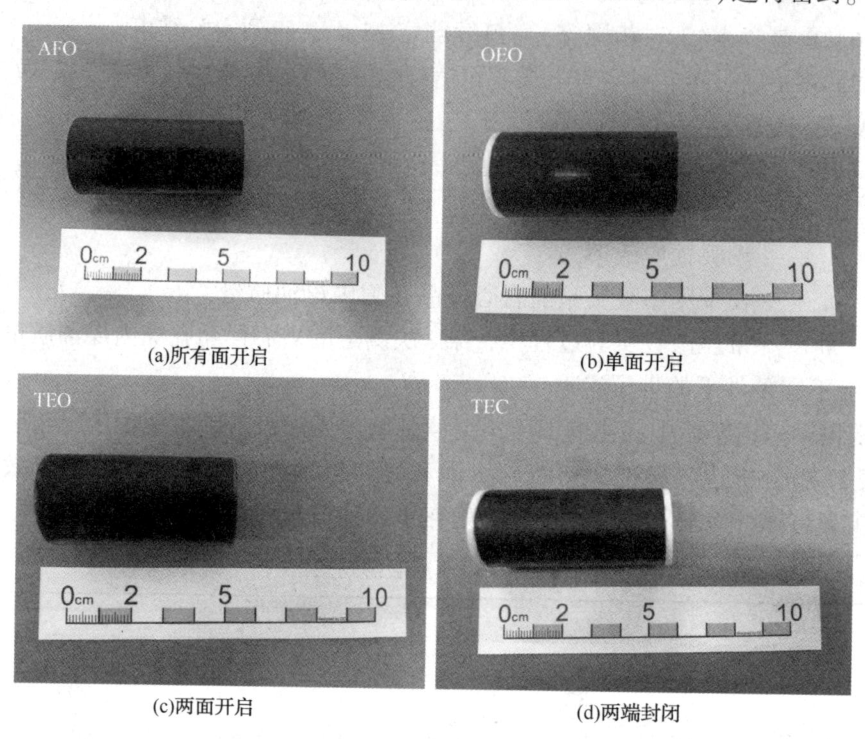

(a)所有面开启 (b)单面开启
(c)两面开启 (d)两端封闭

图 5-3 不同边界条件岩心样品

为确保密封岩心侧面和端面的材质不影响低场核磁信号测试结果，需要测定饱和油岩心样品边界处理前后 T_2 谱，测定的 T_2 谱基本一致的前提下，才能确保带压渗吸实验结果的可靠性。

（2）初始含水饱和度。三块致密岩心样品（B9、B10 和 B11）使用抽真空饱和装置进行处理，抽真空 48h 后，在 20MPa 恒定压力下饱和质量分数为 2% KCl 氘水溶液 48h。取出岩心，使用称重法确定岩心孔隙体积。然后，采用油水动态驱替法，以恒定压差 0.5MPa 持续注入 3 号航空煤油，连续驱替岩心样品 24~96h，取出后静置 48h，测定岩心样品 T_2 谱，构建不同初始含水饱和度。结合煤油质量与 T_2 谱累积信号幅值换算公式，确定含水饱和度计算公式：

$$S_{wi}=\left[1-\frac{\left(\sum A_i-\sum A_j\right)\times 0.125\times 1.11}{0.8\times(m_i-m_0)}\right]\times 100\% \tag{5-2}$$

式中　S_{wi}——含水饱和度，%；

$\sum A_i$、$\sum A_j$——饱和水岩心样品使用煤油驱替前/后测定的 T_2 谱累积信号幅值，a. u.；

m_i、m_0——岩心样品饱和水前/后的质量，g；

0.125——煤油质量与 T_2 谱累积信号幅值拟合得到的曲线的斜率，g/a. u.；

1.11、0.8——质量分数 2% KCl 氘水溶液和 3 号航空煤油密度，g/cm^3。

（3）层理方向。致密储层中发育部分层理，同一层位中平行于层理方向的岩心渗透率高于垂直于层理方向岩心渗透率，即层理方向对致密岩心中流体的流动具有重要影响。选取沿着平行层理方向钻取的岩心样品[B12，图 5-4(a)]和垂直层理方向钻取的岩心样品[B13，图 5-4(b)]，在优选围压下进行带压渗吸实验。

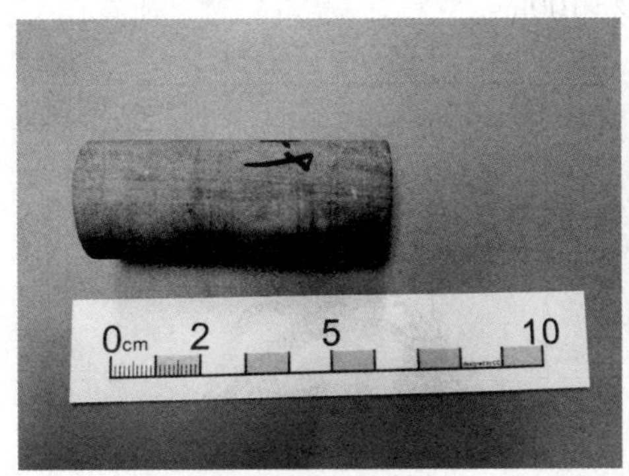

(a)平行层理方向

(b)垂直层理方向

图 5-4　层理方向不同的岩心样品

（4）矿化度。致密储层中原始地层水矿化度较高，与注入的低矿化度压裂液形成化学势差，影响渗吸置换效果。选取岩心三块岩心样品(B22、B14 和 B15)，分别以质量分数 2%、5%和 10% KCl 氘水溶液(表 5-4)作为渗吸流体进行对比，分析不同矿化度溶液对带压渗吸效果影响。

表 5-4　流体样品物性参数

流体类型	密度/(g/cm^3)	黏度/mPa·s	界面张力/(mN/m)
2%(质量分数)KCl 氘水溶液	1.11	1.25	72.75
5%(质量分数)KCl 氘水溶液	1.15	1.35	73.58
10%(质量分数)KCl 氘水溶液	1.20	1.85	75.21

5.3 实验结果

5.3.1 孔径分布与油相分布规律

1) 孔径分布规律

根据高压压汞测试的孔径分布[图 5-5(a)]，可以看出，孔径分布主要集中在以下四个区间：1～10nm，10～100nm，100～1000nm 以及>1000nm。参照 Loucks 等提出的孔隙尺寸分类方法，孔隙类型分为纳米孔(小于 1.0μm)、微孔(1.0～62.5μm)和中孔(62.5μm～4.0mm)三大类。可以看出，致密岩心样品孔隙类型主要为纳米孔(平均 86.76%)和微孔(平均 13.24%)。相应地，低场核磁共振 T_2谱测试结果显示[图 5-5(b)]，按 T_2值大小，孔径分布集中在以下四个区间：<0.1ms，0.1～10ms，10～100ms 以及>100ms。

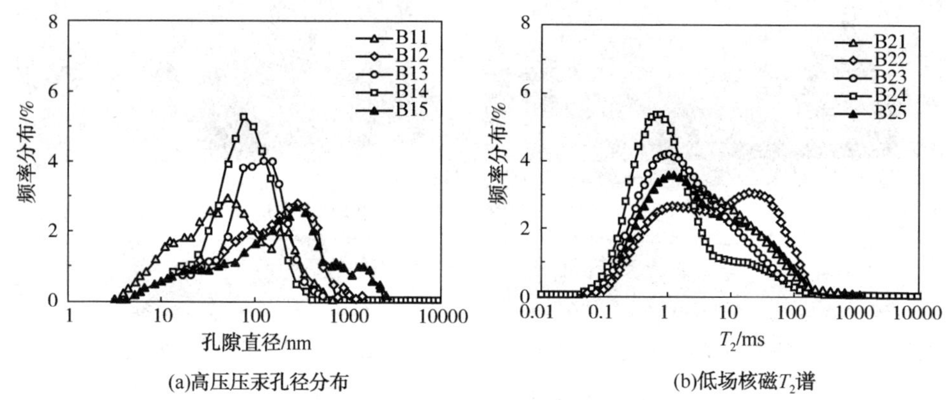

图 5-5 孔隙半径分布测试结果

岩心 B11 与 B21 取自同一块岩心样品，认为其物理性质基本一致，应用平均值法计算致密岩心样品表面弛豫率，将 T_2谱与孔径分布进行换算。同理，可以确定其余四块岩心样品表面弛豫率(表 5-5)。可以看出，五块致密岩心表面弛豫率分别为 2.75μm/s、3.56μm/s、7.02μm/s、10.68μm/s 和 6.37μm/s，平均 6.08μm/s。

表 5-5 致密岩心表面弛豫率计算结果

岩心编号	T_{2LM}/ms	R_p/nm	ρ/(μm/s)
B21	3.11	34.2	2.75
B22	5.49	78.2	3.56

续表

岩心编号	T_{2LM}/ms	R_p/nm	ρ/(μm/s)
B23	2.08	58.5	7.02
B24	1.29	55.3	10.68
B25	3.20	81.4	6.37

表面弛豫率计算结果显示，将 T_2谱转化为相应孔径分布(图5-6)，其结果与高压压汞法实测孔径分布结果相关性较好，即使用 T_2可有效反映孔径分布。

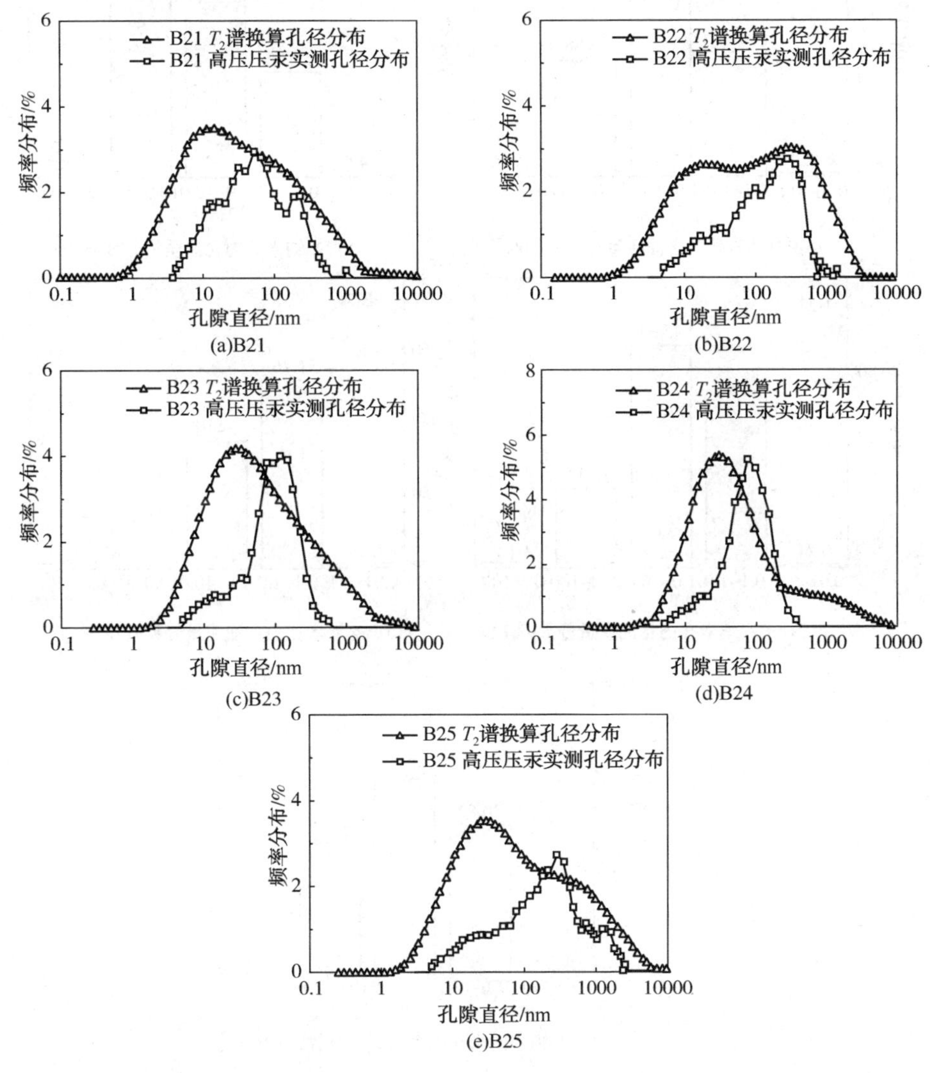

图5-6 孔径分布结果对比

2）油相分布规律

T_2谱不仅可以有效反映孔径分布规律，更重要的是，T_2谱可以有效反映孔隙内流体分布特征。根据致密岩心样品饱和油状态下测定的 T_2谱[图 5-5(b)]，可以进一步确定不同孔隙空间内油相分布规律(图 5-7)。

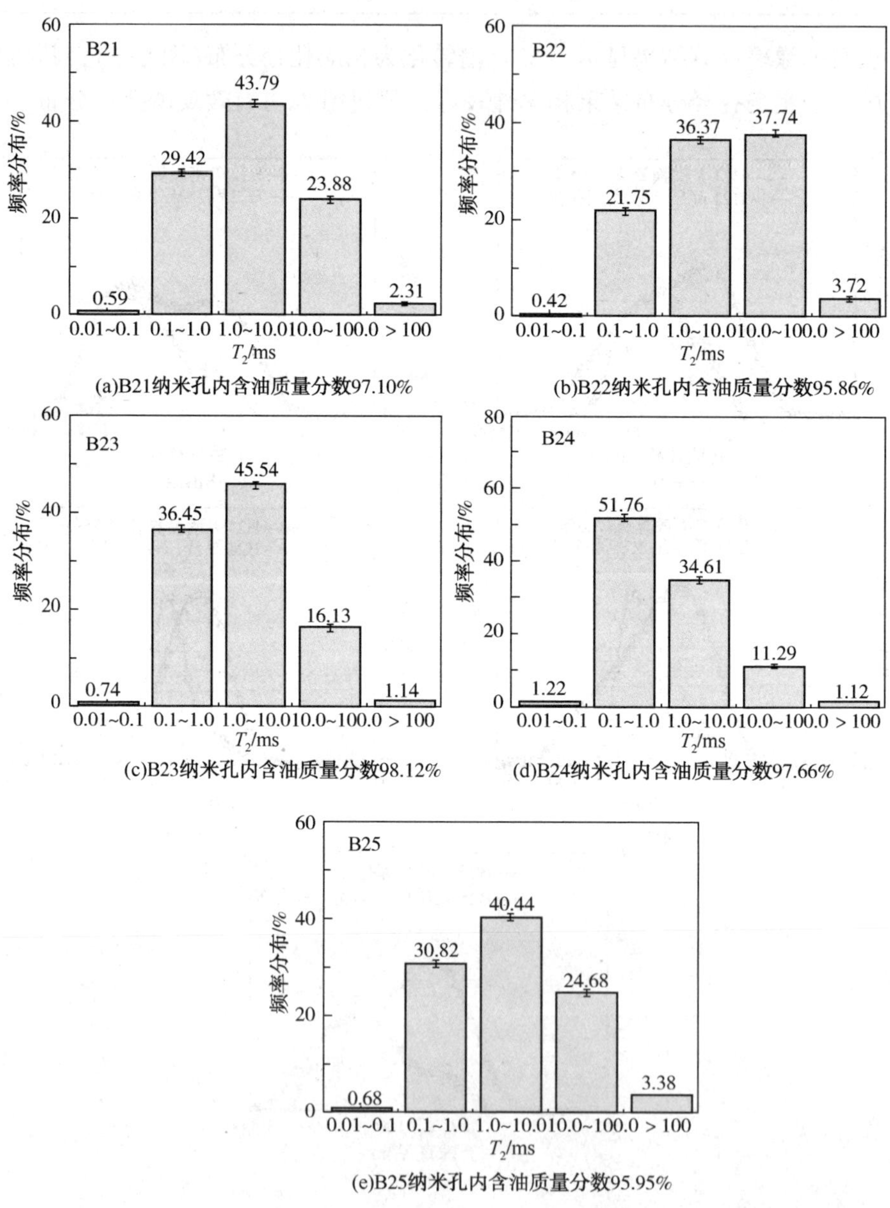

(a)B21纳米孔内含油质量分数97.10%

(b)B22纳米孔内含油质量分数95.86%

(c)B23纳米孔内含油质量分数98.12%

(d)B24纳米孔内含油质量分数97.66%

(e)B25纳米孔内含油质量分数95.95%

图 5-7　不同孔隙内油相分布比例

结果显示，质量分数为 95. 94% ~ 98. 12% 的油分布在纳米孔（0. 1ms ≤ T_2 ≤ 100ms）内，其中，纳米微孔、纳米中孔纳米大孔内含油质量分数分别为 34. 04%、40. 15%以及 22. 75%。纳米孔是主要储集空间，带压渗吸实验将对这部分孔隙内发生的渗吸置换过程进行重点探讨。

5. 3. 2 渗吸置换效率

自发/带压渗吸置换效率随时间变化关系曲线（图 5-8）可划分为两个阶段（分别用两条虚线表示）。渗吸初期，致密岩心样品吸水量迅速增加，渗吸置换量及相应的渗吸置换效率均快速上升；之后，吸水量逐渐趋于饱和，渗吸置换过程逐渐达到平衡状态，渗吸置换效率逐渐趋于稳定。随着压力的增加，五块致密岩心样品渗吸置换效率随时间变化关系曲线中，两条虚线交点（渗吸置换效率由快速上升阶段进入稳定阶段转折点）处对应时间分别为 15d、10d、7d、5d 和 3d。

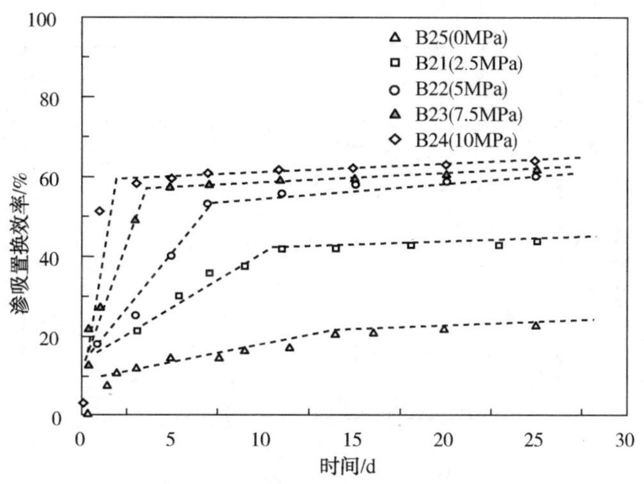

图 5-8 自发/带压渗吸置换效率随时间变化关系曲线

类似地，渗吸置换效率随时间平方根变化关系曲线（图 5-9）也可划分为两个阶段。第一阶段，带压渗吸置换效率与时间平方根呈指数关系，而自发渗吸置换效率则与时间平方根呈线性关系；第二阶段，自发/带压渗吸置换效率与时间平方根均呈线性关系。

渗吸置换效率随压力变化关系曲线（图 5-10）也可分为两个阶段，当压力小于 5MPa 时，渗吸置换效率快速上升，然后逐渐趋于稳定。相比于自发渗吸，随着压力增加，最终渗吸置换效率分别提高 21. 36%、36. 03%、38. 85% 以及 40. 47%。

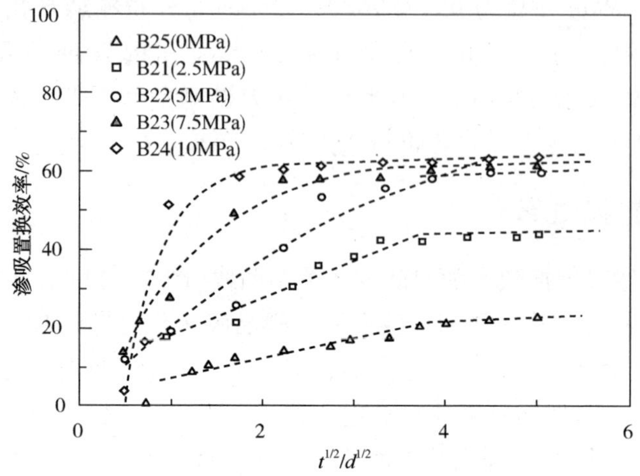

图 5-9　自发/带压渗吸置换效率随时间的平方根变化关系曲线

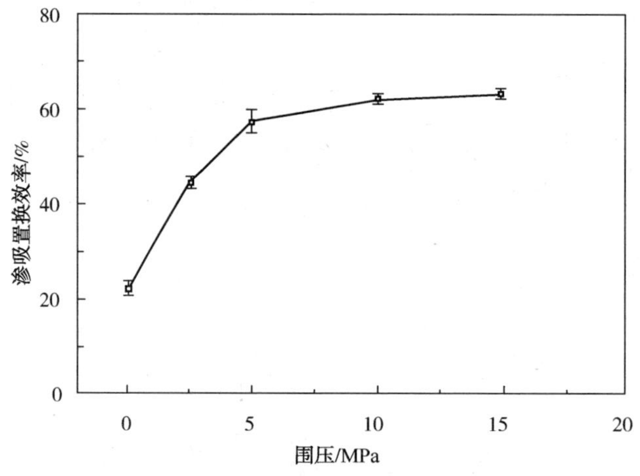

图 5-10　自发/带压渗吸置最终置换效率随压力变化关系曲线

5.3.3　影响因素分析

根据带压渗吸置换效率随时间及压力变化关系曲线(图 5-8～图 5-10)，可以确定临界压力为 5MPa。因此，设定围压为 5MPa，继续开展带压渗吸实验，分析边界条件、初始含水饱和度、层理方向和矿化度对带压渗吸效果影响。

1) 初始状态下致密岩心孔隙内油相分布规律

为定量分析不同影响因素下各尺度孔隙内的渗吸置换效果，首先需分析饱和油岩心样品实验前不同尺度孔隙内油相分布规律。测定 T_2谱对不同尺度孔隙内含油量进行统计分析。

(1) 不同边界条件。为构造不同边界条件，岩心样品表面添加全氟垫片、热缩管和微量环氧树脂材料，岩心 B22、B6、B7 和 B8 边界条件分别为 AFO、OEO、TEO 和 TEC。初始状态下 T_2谱(图 5-11)和不同尺度孔隙内含油量(图 5-12)分析结果显示：①带压渗吸实验前，部分边界封闭后的岩心样品 T_2谱[图 5-11(b)~图 5-11(d)]与边界封闭前 T_2谱基本一致(累积积分面积增加量小于 1%)，即用于构造边界条件的材料对于带压渗吸实验的影响可以忽略；②质量分数为 92.57%~96.19%的油分布在纳米孔内，其中，纳米微孔、纳米中孔和纳米大孔内含油质量分数略有差异，但总体差异不大。

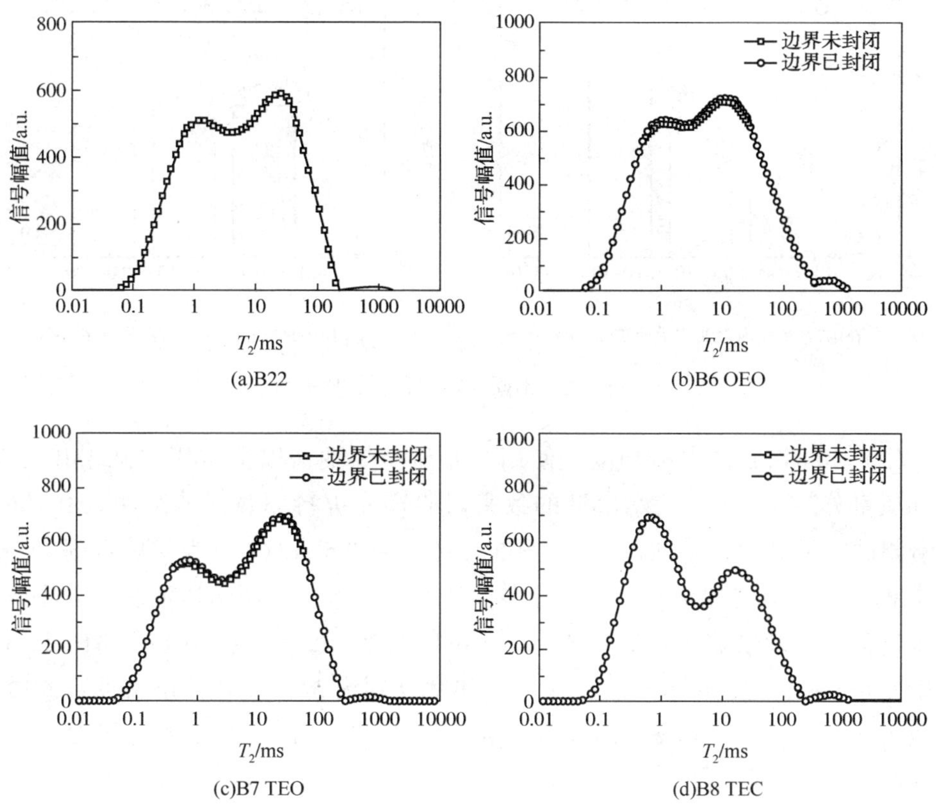

图 5-11 致密岩心样品饱和油状态下 T_2谱

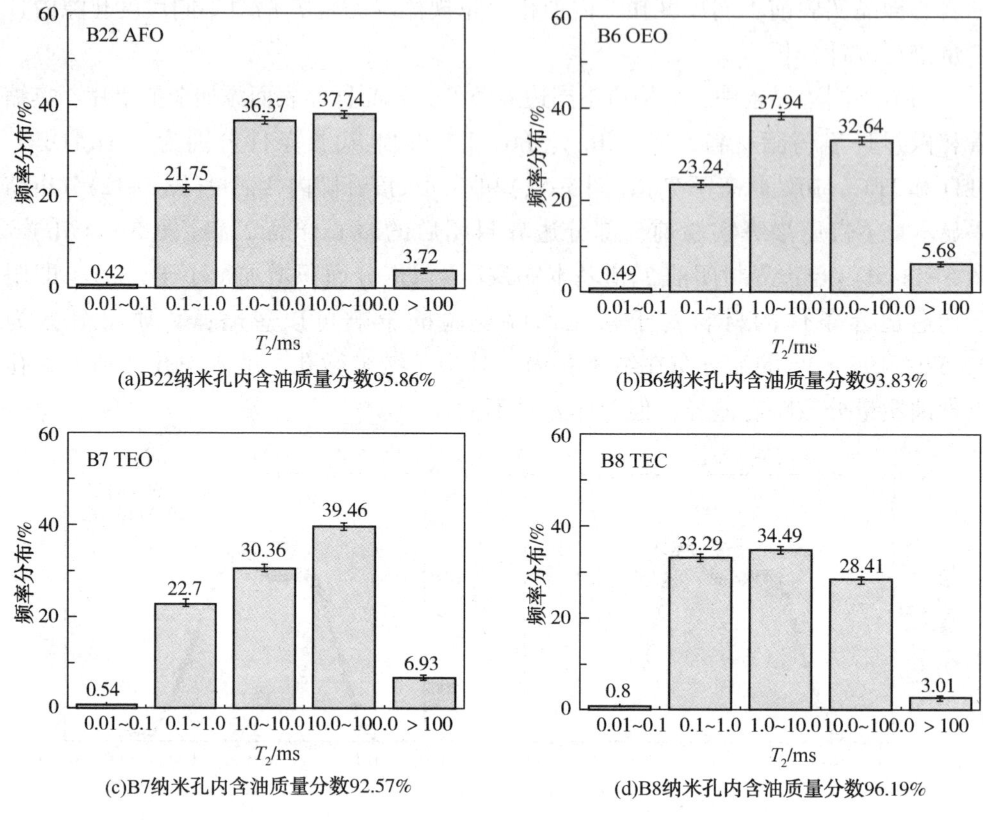

(a)B22纳米孔内含油质量分数95.86%

(b)B6纳米孔内含油质量分数93.83%

(c)B7纳米孔内含油质量分数92.57%

(d)B8纳米孔内含油质量分数96.19%

图 5-12 不同孔隙油相分布比例

(2) 不同初始含水饱和度。使用 3 号航空煤油，以恒定压差 0.5MPa，对饱和质量分数 2% KCl 氘水溶液的致密岩心样品进行驱替，持续注入 0~96h。T_2谱测试结果显示：①红色曲线[图 5-13(a)~图 5-13(c)]为初始时刻岩心样品 T_2谱，代表夹持器背景信号，三条曲线基本一致，说明恒压油驱水方法造束缚水过程中，背景信号对实验结果影响可以忽略；②岩心样品 B9、B10 和 B11 分别驱替 96h、72h 和 48h 后，含水饱和度分别为 34%、42% 和 52%；③质量分数为 96.19%~97.40%的油分布在纳米孔内[图 5-13(d)]，纳米孔是主要储集空间。

(3) 不同层理方向。分别沿平行层理方向和垂直层理方向钻取得到的致密岩心样品 B12 和 B13 进行带压渗吸实验前，T_2谱测试结果(图 5-14)显示：岩心样品 B12 和 B13 纳米孔内含油质量分数分别为 97.69% 和 97.68%，纳米孔是主要储集空间。

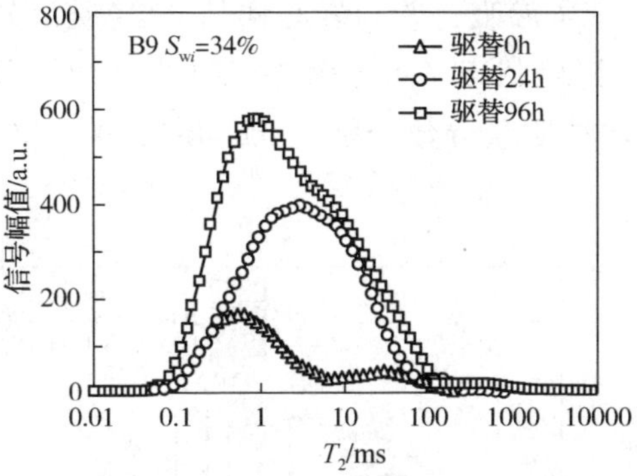

(a)B9初始含水饱和度34%

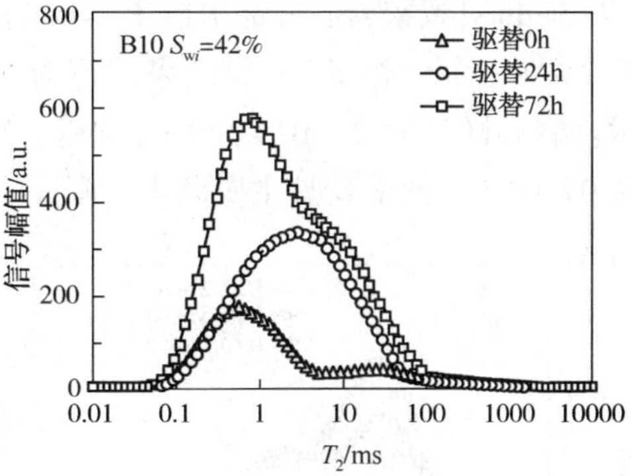

(b)B10初始含水饱和度42%

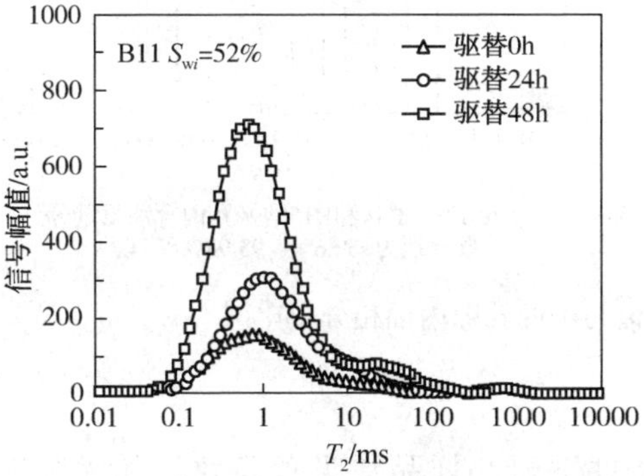

(c)B11初始含水饱和度55%

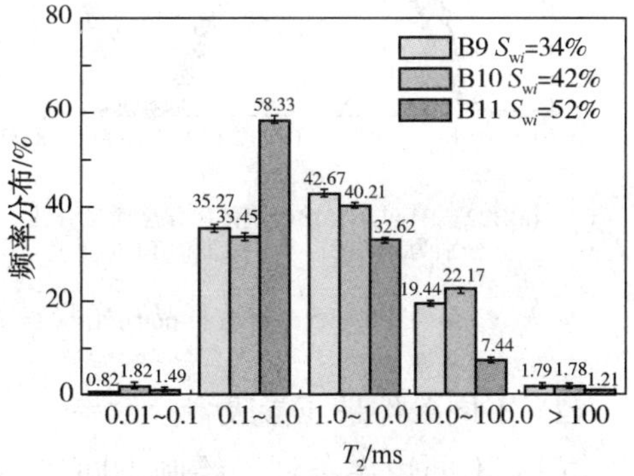

(d)96.19%~97.40%(质量分数)油分布在纳米孔

图 5-13 油驱水不同时刻 T_2 谱与不同孔隙内油相分布比例

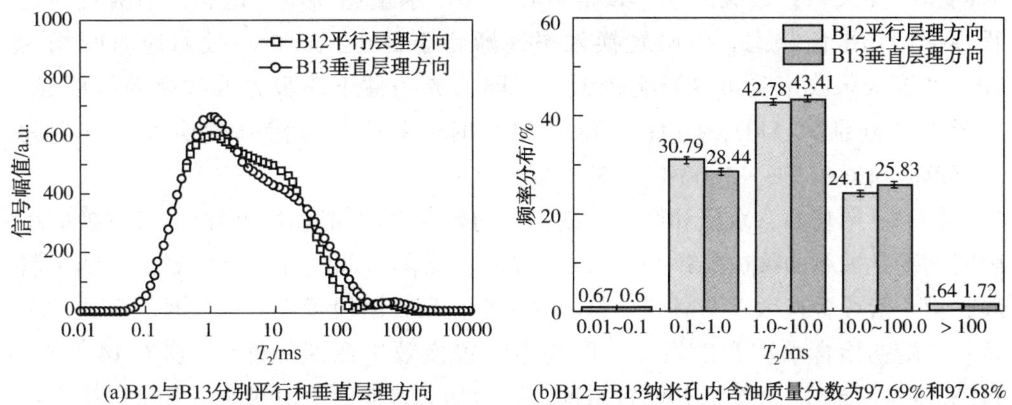

(a)B12与B13分别平行和垂直层理方向

(b)B12与B13纳米孔内含油质量分数为97.69%和97.68%

图 5-14 岩心样品初始状态 T_2 谱与不同孔隙内油相分布比例

(4)不同矿化度。分别使用质量分数 5% KCl 和质量分数 10% KCl 氘水溶液(表 5-4)对致密岩心样品 B14 和 B15 进行带压渗吸，并与岩心样品 B22(质量分数 2% KCl 氘水溶液)实验结果进行对比。初始状态 T_2 谱(图 5-15)测试结果显示：岩心样品 B22、B14 和 B15 纳米孔内含油质量分数分别为 95.86%、97.69% 和 97.68%，纳米孔是主要储集空间。

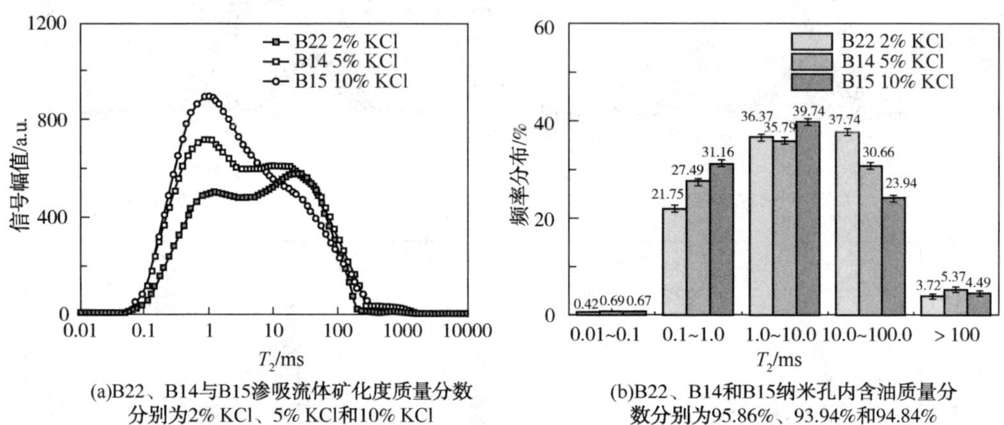

(a)B22、B14与B15渗吸流体矿化度质量分数分别为2% KCl、5% KCl和10% KCl

(b)B22、B14和B15纳米孔内含油质量分数分别为95.86%、93.94%和94.84%

图 5-15 岩心样品初始状态 T_2 谱与不同孔隙内油相分布比例

2）不同条件带压渗吸置换效率

(1) 不同边界条件。绘制不同边界条件下岩心样品渗吸置换效率随渗吸时间变化关系曲线(图 5-16)，结果显示：①置换效率随时间变化关系曲线均可划分为两个阶段，渗吸初期，致密岩心样品吸水量迅速增加，渗吸置换效率与时间呈线性关系；渗吸后期，致密岩心样品吸水量逐渐趋于饱和，渗吸置换过程逐渐达到平衡状态，渗吸置换效率逐渐趋于稳定；转折点处对应时间均为 7d。②渗吸采收率受边界影响较大，不同边界条件下渗吸置换效率差异明显，边界条件分别为 AFO、OEO、TEO、TEC 时，对应最终渗吸置换效率分别为 59.92%、12.61%、13.63%、23.29%。

(2) 不同初始含水饱和度。绘制不同初始含水饱和度岩心样品渗吸置换效率随时间变化关系曲线(图 5-17)，结果显示：①随时间增加，可以划分为两个阶段，第一阶段置换效率与时间呈幂函数关系，第二阶段置换效率与时间呈线性关系；②随初始含水饱和度增加，最终渗吸置换效率逐渐降低(分别为 14.49%、11.58%和 8.53%)；③随初始含水饱和度增加，置换效率由快速上升阶段进入稳定阶段的转折点处对应的时间逐渐减少(分别为 7d、5d 和 3d)，即初始含水饱和度越高，渗吸置换过程进行越快。

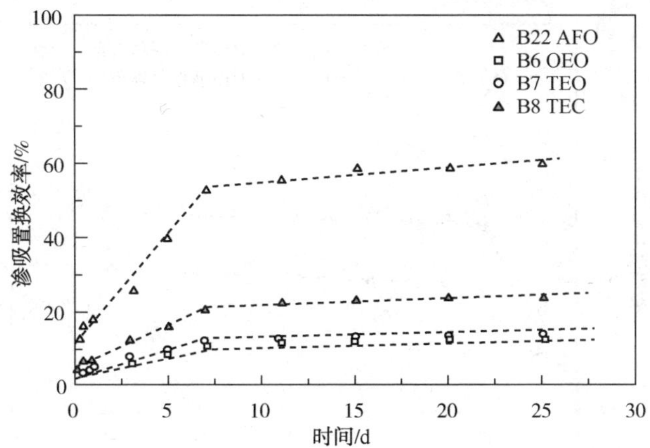

图 5-16　不同边界条件岩心样品带压渗吸置换效率随时间变化关系曲线

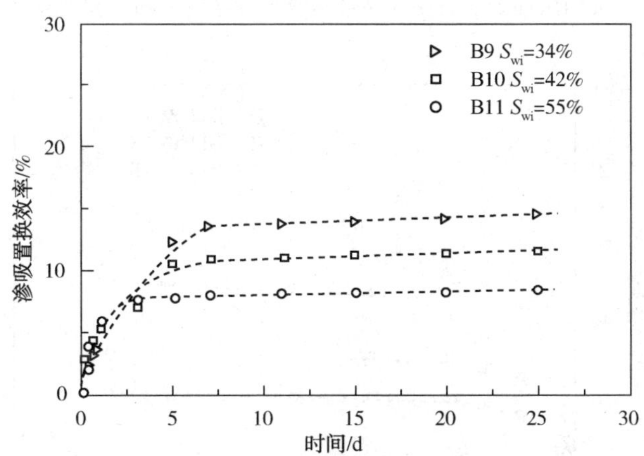

图 5-17　不同初始含水饱和度岩心样品带压渗吸置换效率随时间变化关系曲线

（3）不同层理方向。绘制不同层理方向岩心样品渗吸置换效率随时间变化关系曲线(图 5-18)，结果显示：①随时间增加，渗吸置换效率可划分为快速上升和平稳上升两个阶段，且两个阶段拐点处对应时间均为 5d；②平行/垂直层理方向最终渗吸置换效率分别为 21.97%和 31.16%，均低于无层理发育岩心样品(B22，置换效率 59.92%)。

（4）不同矿化度。绘制岩心样品在不用矿化度下渗吸置换效率随时间变化关系曲线(图 5-19)，结果显示：①随时间增加，渗吸置换效率均可划分为快速上升和平稳上升两个阶段，分别使用质量分数 2%、5%和 10% KCl 氘水溶液时，两阶段拐点处时间分别为 7d、3d 和 3d；②随矿化度增加，最终渗吸置换效率逐渐降低(59.92%、32.67%和 23.16%)。

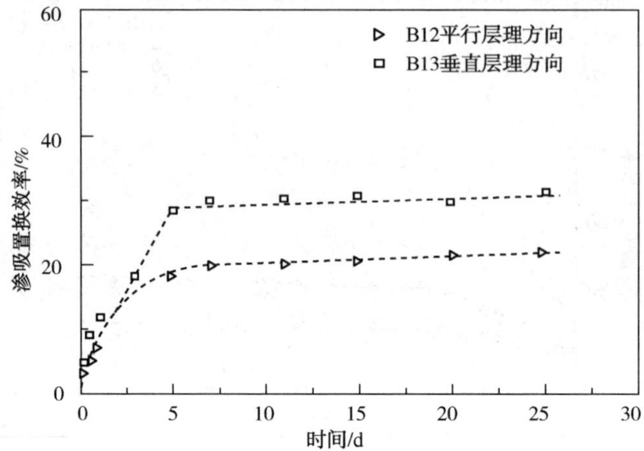

图 5-18　不同层理方向岩心样品带压渗吸置换效率随时间变化关系曲线

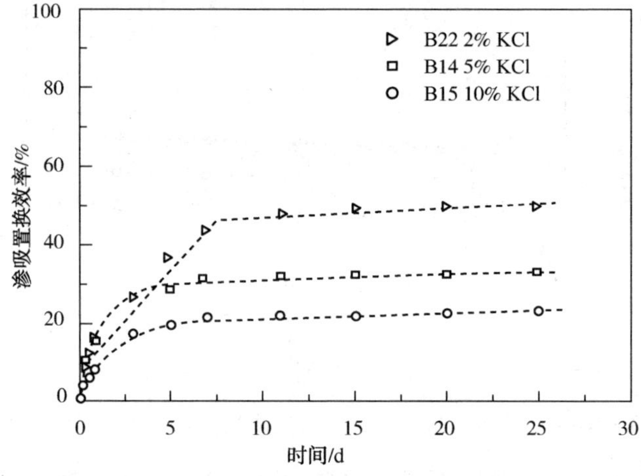

图 5-19　岩心样品在不同矿化度下(2%、5%和 10%KCl)带压渗吸置换效率随时间变化关系曲线

5.4　结果讨论

5.4.1　自发渗吸与带压渗吸对比

自发渗吸与带压渗吸差异可从以下四方面进行分析：渗吸置换效率随渗吸时间变化规律，渗吸置换效率随时间平方根变化规律，渗吸过程中微-纳米尺度孔隙内油相动用规律以及毛细管内力学分布图。

1）渗吸置换效率随渗吸时间变化规律

实验中致密岩心样品为强水湿，渗吸过程中毛细管力为主要驱油动力，即随渗吸时间增加，自发/带压渗吸置换效率均增加，且均可细分为两个阶段。第一阶段，自发渗吸和带压渗吸置换效率均与渗吸时间线性相关，但相比于自发渗吸过程，带压渗吸过程吸水速率显著提高；第二阶段，致密岩心样品含水饱和度大幅增加后，减缓了渗吸置换作用，自发渗吸与带压渗吸置换效率均缓慢增加并趋于稳定。此外，带压渗吸最终置换效率随压力变化关系曲线(图5-10)显示，存在临界围压，即当高于该压力时，最终渗吸置换效率逐渐趋于稳定。这一变化规律与致密岩心样品应力敏感特征有关：即随围压增加，致密岩心样品有效孔隙半径会显著降低。根据毛细管力计算公式($P_c=2\sigma\cos\theta/r$)可知，在界面张力和接触角不变条件下，孔隙半径随净压力变化规律直接决定毛细管力变化规律。因此，对于水湿岩心而言，带压渗吸过程的主要驱动力(毛管力)相比于自发渗吸过程会显著增加，提高吸水速率，增加渗吸置换效率。这其中最重要原因就是致密岩心样品存在应力敏感特征，产生了强化的渗吸作用。

2）渗吸置换效率随时间平方根变化规律

自发/带压渗吸置换效率随渗吸时间平方根变化关系曲线(图5-9)也可划分为两个阶段。第一阶段，自发渗吸置换效率与时间平方根仍然呈正比，但是带压渗吸置换效率则与时间平方根呈指数关系，不再满足Washburn方程；第二阶段，自发/带压渗吸置换效率与时间平方根均呈线性关系。因此，强化的渗吸作用并不是引起带压渗吸置换效率提高的唯一原因，压实作用同样发挥了重要作用，即围压影响下由于孔隙体积压缩造成孔隙内部分油被挤出。但是，难以定量化表征强化的渗吸作用与压实作用分别对于带压渗吸置换效率的贡献，这是由于实验中只监测到油相信号，而不是水相信号。后期研究中如果可以监测水相信号，则可以进行定量化表征，因为渗吸作用会引起含水饱和度极大增加，而压实作用则不会引起含水饱和度增加。

3）微-纳米尺度孔隙内油相动用规律

分析T_2谱变化特征，可以了解渗吸置换过程中致密岩心样品孔隙内油相分布规律，便于进一步理解带压渗吸置换规律。初始状态下致密岩心样品纳米孔($0.1\text{ms}\leqslant T_2\leqslant 100\text{ms}$)内含油质量分数超过95%，是主要储集空间。以渗吸过程中测定的T_2谱以及纳米孔内油相分布规律为研究对象，剖析渗吸置换规律。图

5-20(a)中五条曲线分别代表自发渗吸实验过程中测定的 T_2 谱，两条曲线积分面积的差值反映了这段时间内渗吸置换量。图 5-20(b)反映了自发渗吸实验前后纳米孔内油相分布比例。可以看出，自发渗吸过程在初期进行很快，并且主要发生在纳米孔中，当渗吸时间超过 15 天后，渗吸过程进行缓慢，T_2 谱几乎不变(积分面积减少量小于 3%)，即时间节点为 15 天时测定的 T_2 谱为临界曲线。自发渗吸实验前后，致密岩心样品中油相主要分布在纳米孔内，渗吸置换过程主要发生在纳米孔内，且纳米中孔和纳米大孔内渗吸置换效率分别为 8.58%和 5.50%，而纳米微孔内渗吸置换效率较低(5.07%)。

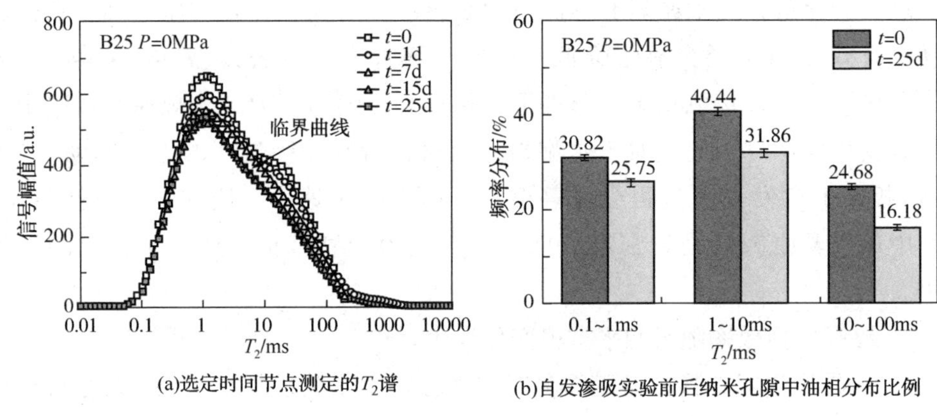

图 5-20 致密岩心样品 B25 自发渗吸特征 $P=0$MPa

相比之下，致密岩心样品在不同围压下的带压渗吸置换过程进行更快(图 5-21~图 5-24)，T_2 谱变化幅度更大，纳米孔内渗吸置换效率更高。当围压由 2.5MPa 逐渐增加至 15MPa 时，渗吸置换过程拐点处对应渗吸时间分别为 10d、7d、5d 以及 3d。带压渗吸过程中，纳米微孔、纳米中孔和纳米大孔中渗吸置换效率平均值分别为 20.44%、23.72%和 9.91%。相比之下，自发渗吸过程中，这三类孔隙空间中渗吸置换效率分别为 5.07%、8.58%和 8.50%。因此，带压渗吸更易使得较小孔隙内发挥渗吸置换作用。

因此，致密岩心样品自发渗吸与带压渗吸过程的渗吸置换作用主要发生在纳米孔隙内。但是，相比于自发渗吸过程，带压渗吸过程的渗吸置换效率均大幅提升，纳米微孔、纳米中孔和纳米大孔中渗吸置换效率均有提升，尤其以纳米微孔和纳米中孔效果最显著。

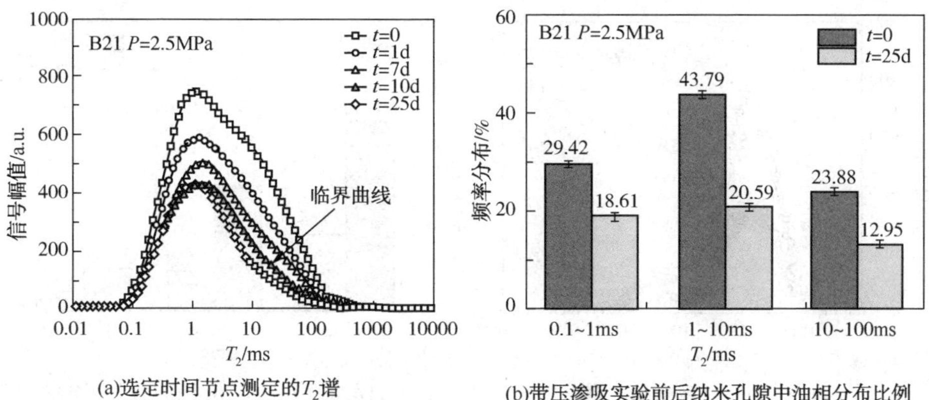

(a)选定时间节点测定的T_2谱

(b)带压渗吸实验前后纳米孔隙中油相分布比例

图 5-21 致密岩心样品 B21 带压渗吸特征 $P=2.5$MPa

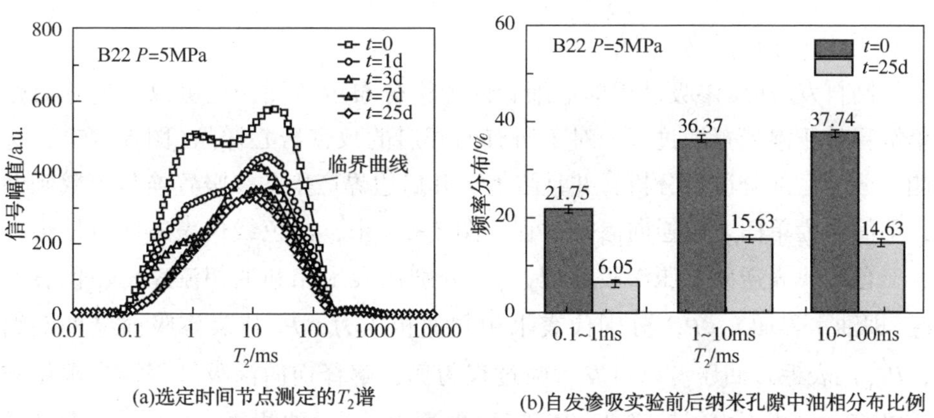

(a)选定时间节点测定的T_2谱

(b)自发渗吸实验前后纳米孔隙中油相分布比例

图 5-22 致密岩心样品 B22 带压渗吸特征 $P=5$MPa

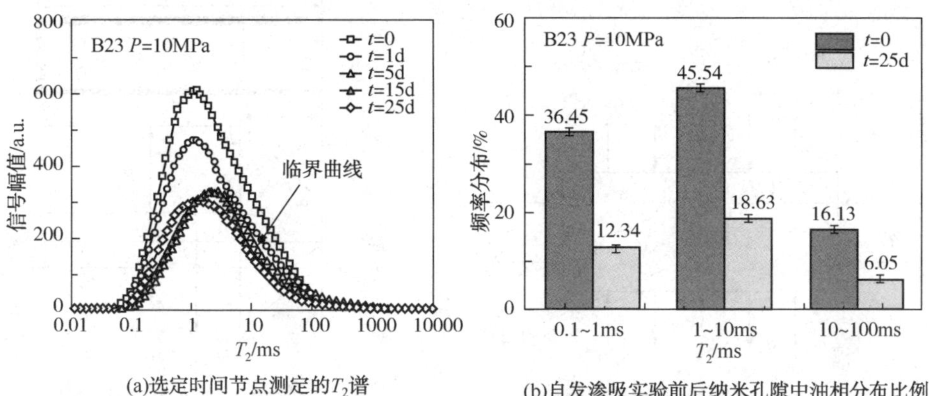

(a)选定时间节点测定的T_2谱

(b)自发渗吸实验前后纳米孔隙中油相分布比例

图 5-23 致密岩心样品 B23 带压渗吸特征 $P=10$MPa

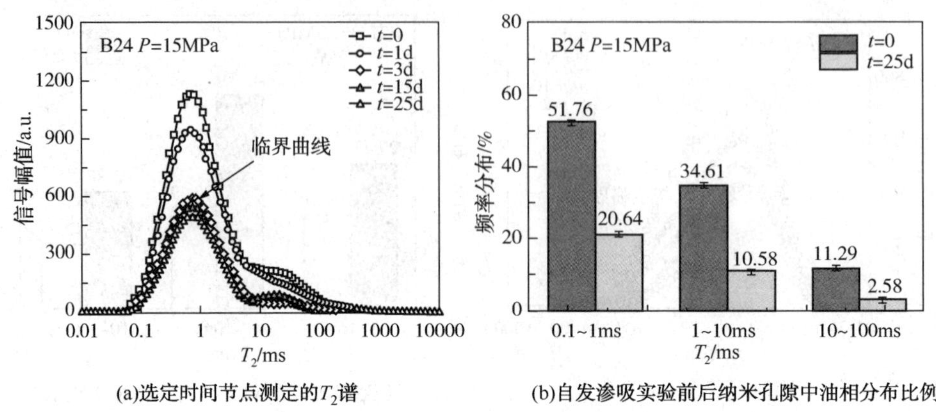

图 5-24　致密岩心样品 B24 带压渗吸特征 $P=15$MPa

4）毛细管内力学分布图

绘制自发/加压渗吸过程单毛细管内力学分布示意图，也可以从毛管力角度简单解释带压渗吸置换过程。对于所有面开启的致密岩心样品(图 5-25)，选取左侧二分之一部分进行分析，并且将上下开启边界产生的渗吸置换量等效到左边界，即简化为单面开启逆向渗吸过程。图 5-26 中，黑色线代表逆向自发渗吸过程，蓝色线代表逆向带压渗吸过程，$q_{w/o}$分别代表水相和油相流速，x_f 代表渗吸前缘(即油水界面)，$P_{w/o}$分别代表水相和油相压力，P_c 代表渗吸前缘处毛细管力，$P_{c,0}$代表毛管回压。以自发渗吸过程为例，解释逆向渗吸过程。当水相到达前缘之前，水相压力线性降低(由 $P_{w,0}$降低至 $P_{w,f0}$)，油相压力($P_{o,f0}$)保持不变；

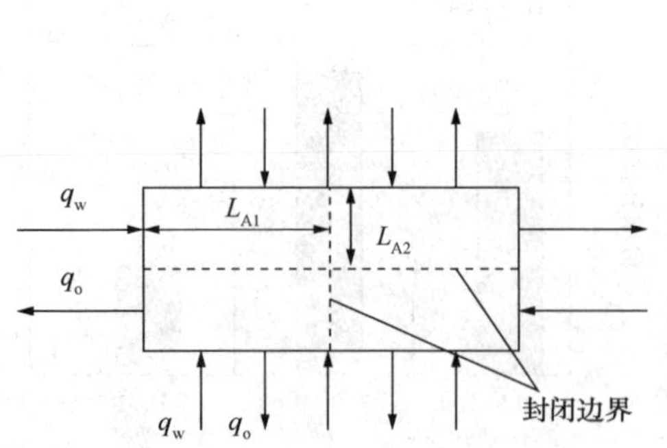

图 5-25　岩心样品所有面开启逆向渗吸示意图

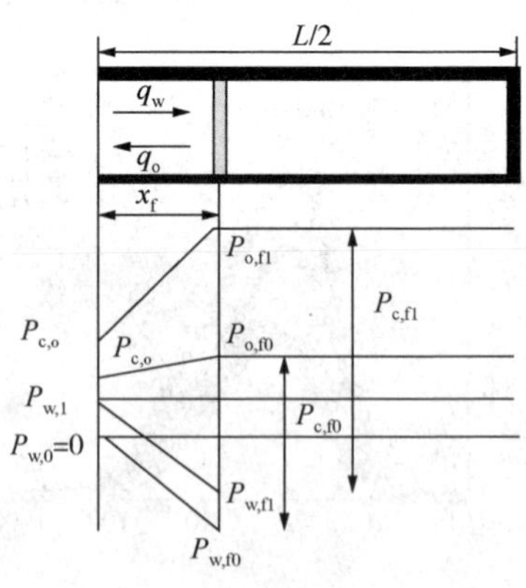

图 5-26　单毛细管中自发/带压渗吸过程压力分布示意图

当水相到达油水界面(即渗吸前缘)处，在毛管力 $P_{c,f0}$ 作用下，渗吸前缘逆向移动，毛细管力由 $P_{c,f0}$ 线性降低至 $P_{c,0}$，此时，岩心左侧端面逐渐有油相产生，即逐渐完成渗吸置换过程。相比于自发渗吸过程，带压渗吸过程中毛细管力大于自发渗吸过程毛细管力，驱替前缘由 x_f 处运移至岩心左侧边界产生的压降会大于自发渗吸过程，即该阶段直线的斜率大于自发渗吸过程，渗吸速度相应增加，相同时间内渗吸置换油量也会增加。

5.4.2　不同条件下带压渗吸规律

对比带压渗吸与自发渗吸实验结果可知，T_2谱变化特征以及微-纳米尺度(本节主要讨论 T_2介于 0.1~100ms)孔隙内油相动用规律最能体现带压渗吸特征，因此，本节将这两个角度对不同影响因素作用下的带压渗吸特征进行讨论。

1) 边界条件

四种不同边界条件下测定的 T_2谱(图 5-27)均显示出双峰特征，随时间变化规律类似，临界曲线对应时间均为 7d。渗吸置换作用在较小孔隙(纳米微孔和纳

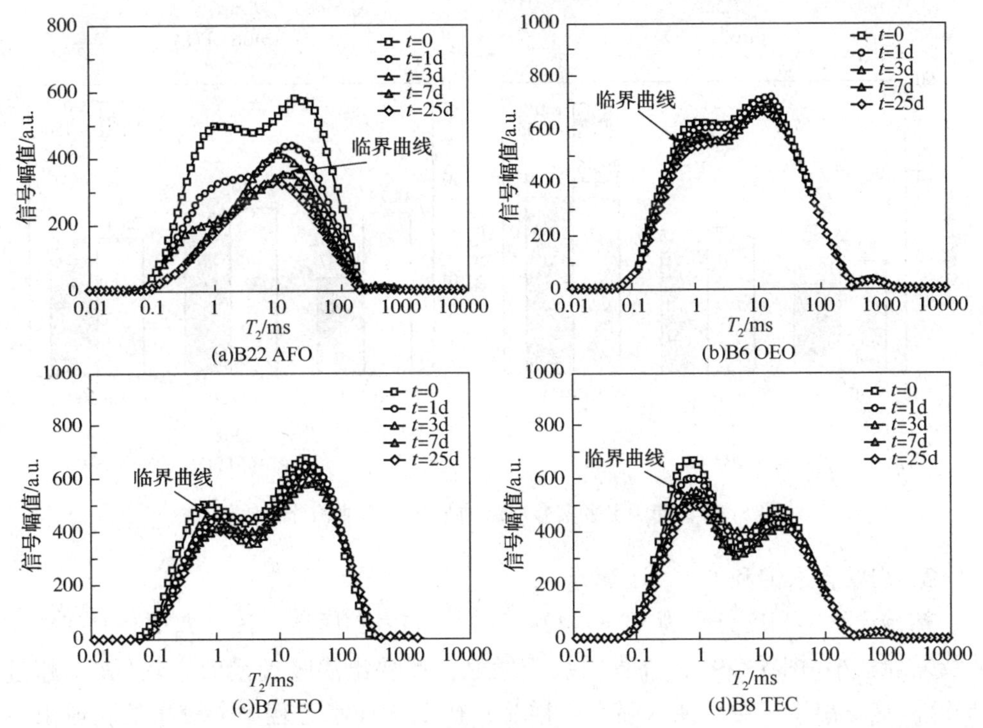

图 5-27　选定时间节点测定的 T_2谱

米中孔)中效果显著(图5-28)，但由于边界条件不同，渗吸置换效率差异明显，单面开启时岩心渗吸置换效率最低，所有面开启时最高。实验结果反映出渗吸接触面积对渗吸置换效率会产生较大影响，接触面积越大，渗吸置换效率越高。但是，部分边界封闭的岩心样品，压实作用对于置换效率的贡献是否会受到影响，在该实验中暂时无法定量判断，需要后续补充实验，通过测定水的信号(反映含水饱和度变化)来进行分析。

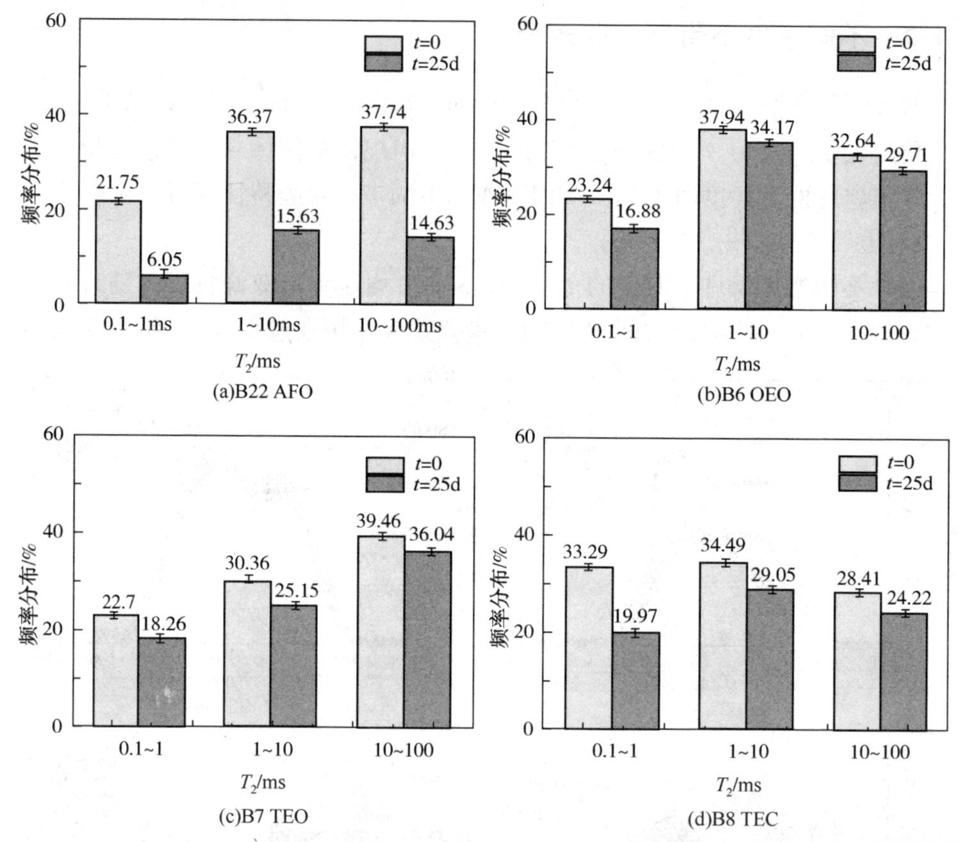

图5-28 带压渗吸实验前后纳米孔隙内油相分布比例

2）初始含水饱和度

初始含水饱和度分别为34%、42%和54%的岩心样品，各自T_2谱随时间变化曲线差异较小(图5-29)，临界曲线不明显，反映出渗吸置换效率较低(不超过15%)。这是由于，对于强水湿岩心样品，初期饱和水过程中，较小的孔道由于毛管力的作用大部分被水相占据，后期采用油驱水的方式营造不同含水饱和度环境，在不改变岩心润湿性情况下，较小孔隙中油相饱和度相比于完全饱和油岩心样品更低。而渗吸置换过程主要体现在对较小孔隙中的油相置换，因此，含水饱和度越高，越不利于渗吸置换过程。基于上述实验结果，可以推断出，在裂缝区域较远的储层，由于其含水饱和度较高，在带压渗吸的条件下，置换效率会更低（图 5-30）。

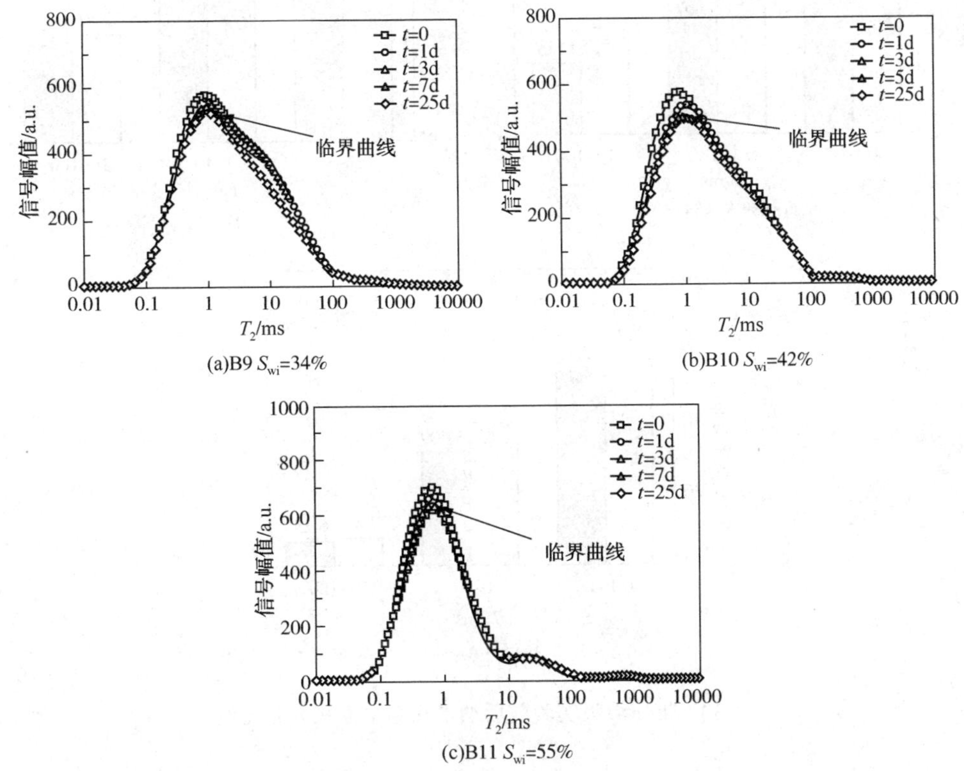

图 5-29 选定时间节点测定的 T_2 谱

3）层理方向

平行层理和垂直层理岩心样品 T_2 谱随时间变化关系曲线（图 5-31）差异明显，临界曲线对应的时间均为 5d，纳米微孔、纳米中孔和纳米大孔中油相均动用，没有明显差异（图 5-32），相比于基质岩心样品（B22），最终渗吸置换效率较低，说明层理发育的致密岩心样品不利于渗吸置换过程。

此外，垂直层理方向的岩心样品置换效率高于平行层理方向岩心样品（分别为 31.16%和 21.97%），原因在于：层理相对于基质而言是高渗通道，岩心沿平行层理方向时，流体易沿着层理间流动，受到的渗流阻力较小，不利于渗吸置换过程。

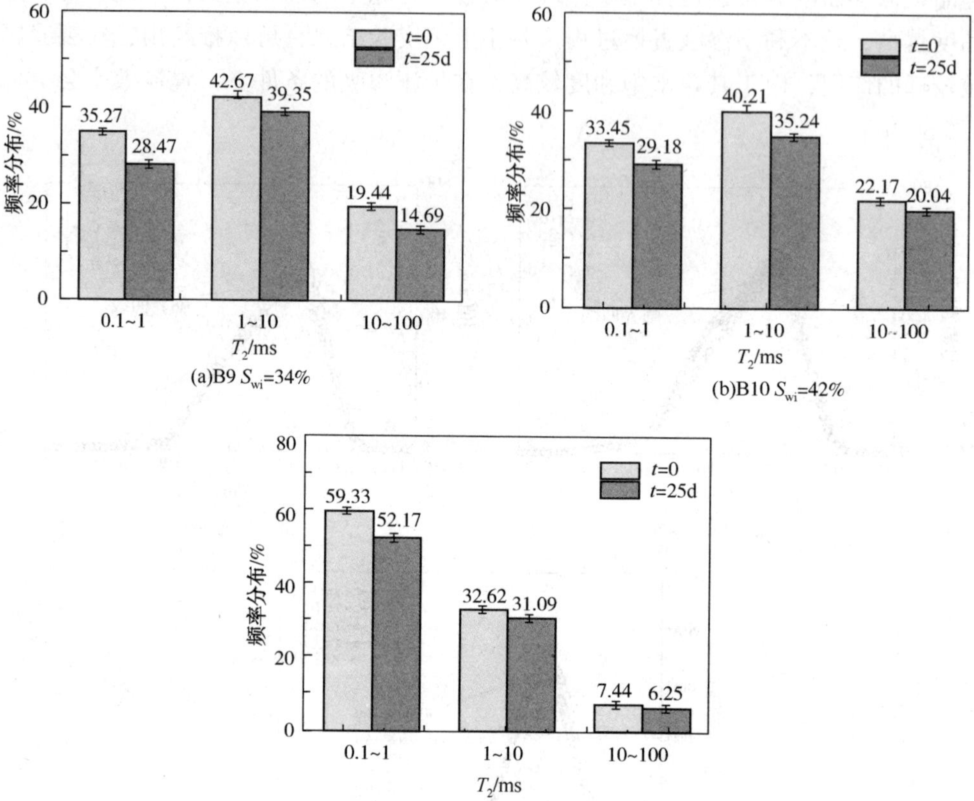

(a)B9 S_{wi}=34%

(b)B10 S_{wi}=42%

(c)B11 S_{wi}=55%

图 5-30　带压渗吸实验前后纳米孔隙中油相分布比例

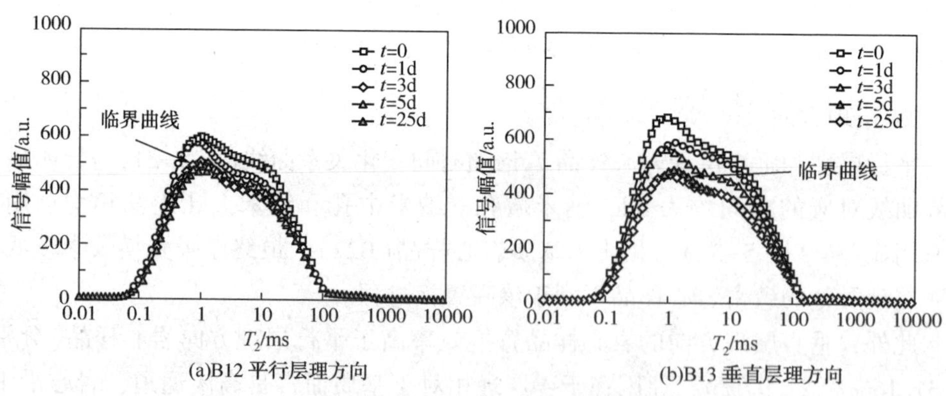

(a)B12 平行层理方向

(b)B13 垂直层理方向

图 5-31　选定时间节点测定的 T_2 谱

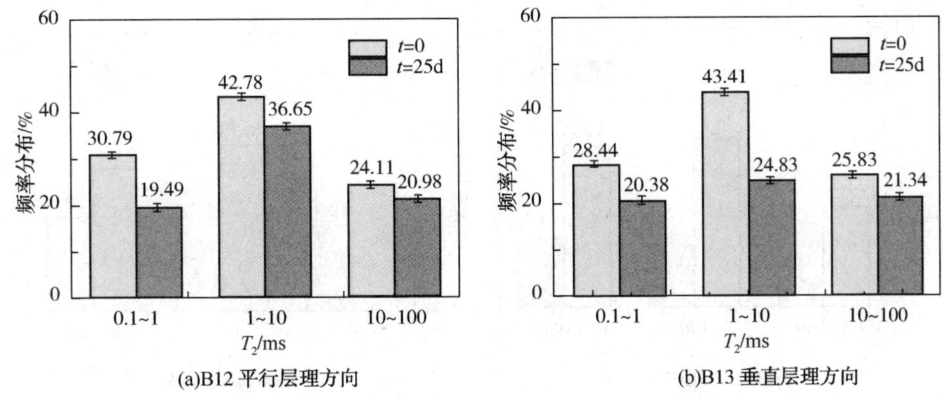

(a)B12 平行层理方向　　(b)B13 垂直层理方向

图 5-32　带压渗吸实验前后纳米孔隙中油相分布

4）矿化度

使用不同矿化度氯化钾氘水溶液开展带压渗吸实验，岩心样品 T_2 谱随时间变化关系曲线(图 5-33)差异明显，矿化度较低时，纳米微孔内更易发生渗吸置换(图 5-34)，随着矿化度的增加，三种类型孔隙空间内渗吸置换效率差异不大。

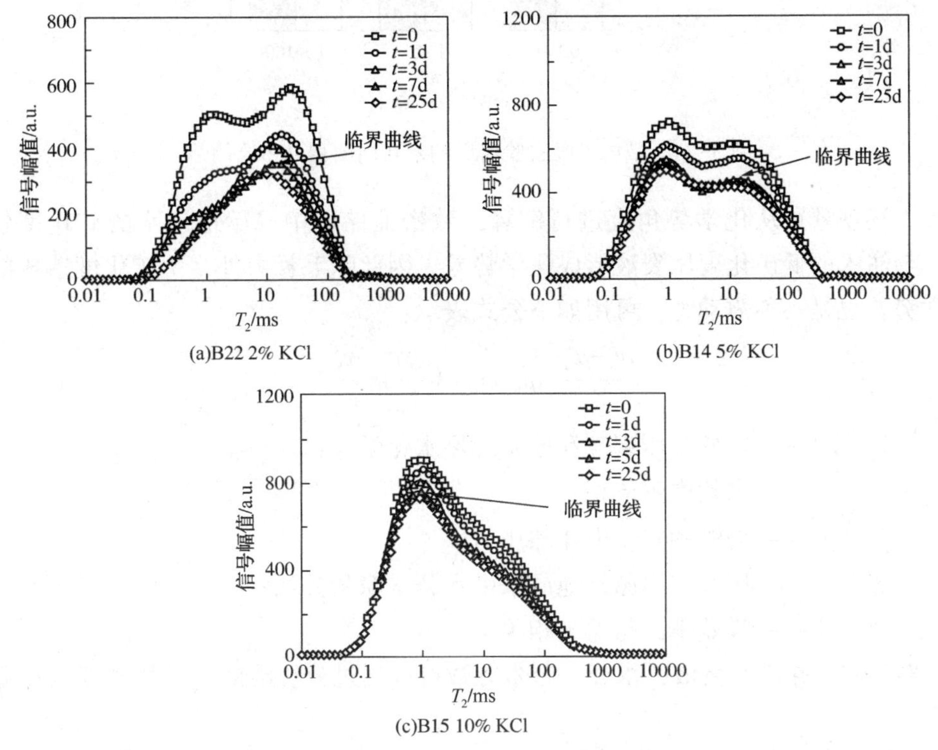

(a)B22 2% KCl　　(b)B14 5% KCl

(c)B15 10% KCl

图 5-33　选定时间节点测定的 T_2 谱

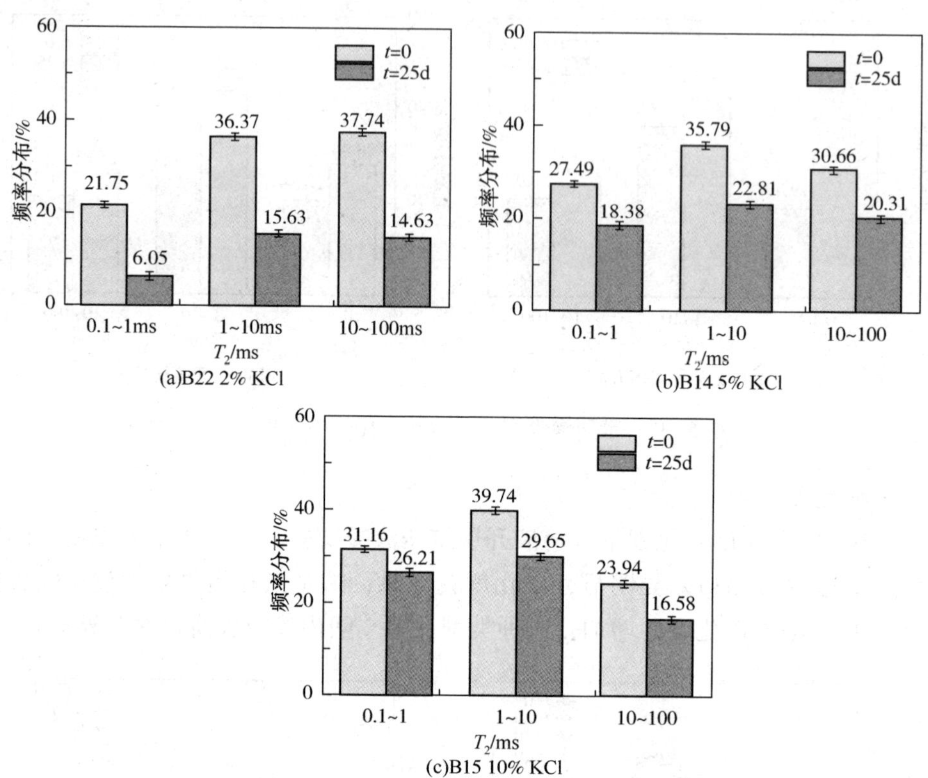

图 5-34　带压渗吸实验前后纳米孔内油相分布比例

上述现象可从化学势角度进行解释，致密油储层中原始地层水的矿化度较高，与注入的低矿化度压裂液形成化学势差，因此除毛管力外，由矿化度造成的化学势差也是一种驱动力，可用如下公式表示：

$$\frac{\mu_{\mathrm{w}}^{f}-\mu_{\mathrm{w}}^{m}}{V_{\mathrm{w}}}=p_{\mathrm{w}}^{f}-p_{\mathrm{w}}^{m}+\lambda\ \frac{RT}{V_{\mathrm{w}}}\ln\frac{x_{\mathrm{f}}}{x_{\mathrm{m}}} \tag{5-3}$$

式中　μ_{w}^{f}、μ_{w}^{m}——基质中压裂液和原始地层水化学势；

V_{w}——水相摩尔体积；

p_{w}^{f}、p_{w}^{m}——裂缝和基质内孔隙压力；

x_{f}、x_{m}——压裂液和原始地层水中水分子摩尔分数；

λ——膜效率，与黏土相关。

对于同矿化度水溶液，水分子摩尔分数可以通过分析溶液中矿物浓度而计算得到。

式(5-3)表明，致密油储层渗吸过程中，驱动液体的作用力不仅与毛细管力有关，还与地层水和压裂液之间的水相摩尔分数之差（即渗透压差）相关。由于进入岩心 B14 中的置换液为质量分数 5%KCl 溶液，其矿化度与岩心内原始矿化度之差大于 B15 岩心中质量分数 10% KCl 溶液与岩心内原始矿化度之差。因此，岩心 B14 测定的 $\lambda \dfrac{RT}{V_{\mathrm{w}}}\ln\dfrac{x_{\mathrm{f}}}{x_{\mathrm{m}}}$ 值更大，即受到化学势的驱动更大，因此，溶液矿化度越高，越不利于渗吸置换过程。

5.5 本章小结

本章通过开展致密岩心带压渗吸物理模拟实验，结合低场核磁测试技术，分析饱和油致密岩心样品微-纳米孔隙内油相分布规律；对比自发渗吸与带压渗吸置换效率的差异，剖析带压渗吸置换效率大幅提升的，优化围压；在优化的围压下继续开展带压渗吸实验，分析边界条件、初始含水饱和度、层理方向和矿化度对致密岩心带压渗吸的影响。取得以下主要认识：

（1）纳米孔是致密岩心样品主要储集空间，质量分数为 95.94%~98.12%的油分布在纳米孔（$0.1\mathrm{ms} \leqslant T_2 \leqslant 100\mathrm{ms}$）内，其中，纳米微孔（$0.1\mathrm{ms} \leqslant T_2 < 1\mathrm{ms}$）、纳米中孔（$1\mathrm{ms} \leqslant T_2 < 10\mathrm{ms}$）和纳米大孔（$10\mathrm{ms} \leqslant T_2 \leqslant 100\mathrm{ms}$）内含油质量分数分别为 34.04%、40.15%以及 22.75%。

（2）围压由 2.5MPa 逐渐增加至 15MPa，带压渗吸置换效率相比于自发渗吸分别提高 21.36%、37.03%、38.85%和 40.47%。带压渗吸过程置换效率大幅提高，主要是由强化的渗吸作用和压实作用共同造成的。

（3）带压渗吸置换效率随着围压的增加而增加，置换效率分为快速上升阶段和稳定阶段，临界压力为 5MPa。

（4）边界条件主要影响渗吸接触面积，接触面积越大，渗吸置换效率越大；初始含水饱和度越高，渗吸置换效率越低；沿着垂直层理方向钻取的岩心样品，渗吸置换效率比平行层理方向更高，但均低于无层理发育的岩心样品；矿化度越高，渗透压差越大，渗吸置换效率越低。

参 考 文 献

[1] Washburn E W. The Dynamics of Capillary Flow[J]. Physical Review, 1921, 17(3): 273-283.

第6章　致密油储层渗吸作用下油水迁移理论

本章基于毛细管渗吸理论，建立致密储层毛管渗吸模型，并对毛细管力渗过程中水相迁移规律及影响因素进行分析。此外，建立简化的体积压裂缝网模型，结合三维毛细管力渗吸理论，获取压裂液返排率的控制参数。

6.1　单根毛细管自发渗吸理论

毛细管中的液体主要受到毛细管壁面黏滞阻力，毛细管驱动压力和流体自身的重力(图6-1)。

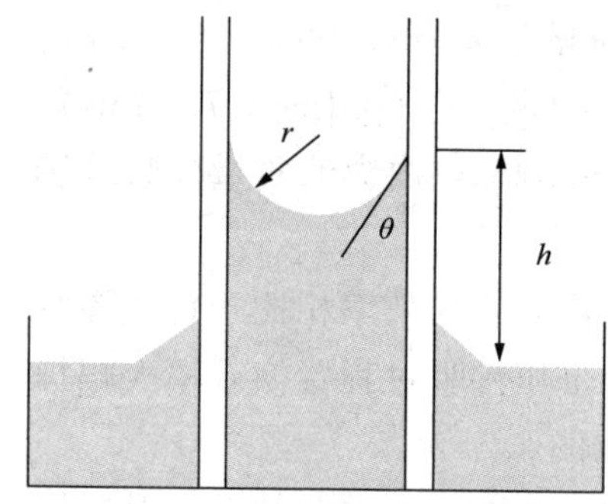

图6-1　毛细管渗吸示意图

根据Young-Laplace方程，毛细管力与表面张力、润湿角和毛细管内径有关，可表示为：

$$p_c = \frac{2\sigma\cos\theta}{r} \tag{6-1}$$

则施加在液柱上的驱动压力 F_c 为：

$$F_c = p_c \cdot \pi r^2 = \frac{2\sigma\cos\theta}{r} \cdot \pi r^2 = 2\sigma\cos\theta\pi r \tag{6-2}$$

黏滞阻力可通过牛顿内摩擦定律求得。根据内摩擦定律，管壁上的黏性摩擦剪切力为：

$$\tau = \mu\frac{\mathrm{d}v}{\mathrm{d}r},\ r = R$$

毛细管管壁上的黏滞剪切应力与流体黏度及径向速度梯度成正比。管壁处的速度梯度可通过Hagen-Poiseuille定律计算得出。圆管中流体运动的H-P方程为：

$$\frac{1}{R}\frac{\mathrm{d}}{\mathrm{d}r}\left(r\frac{\mathrm{d}v}{\mathrm{d}r}\right) = \frac{1}{\mu}\frac{\partial p}{\partial x} \tag{6-3}$$

式中　p——流体压力；

x——毛细管长度方向上的距离。

$\partial p/\partial x$ 与 r 无关。$r=0$ 时，$\mathrm{d}v/\mathrm{d}r=0$；$r=r_0$ 时，$v=0$。可得

$$v=\frac{1}{4\mu}(r^2-R^2)\frac{\mathrm{d}p}{\mathrm{d}x}$$

$$\frac{\mathrm{d}v}{\mathrm{d}r}=\frac{2r}{4\mu}\cdot\frac{\mathrm{d}p}{\mathrm{d}x}$$

流速在径向上是变化的，一般以平均流速在替代流速，平均流速为：

$$\bar{v}=\frac{Q}{\pi R^2}=\frac{1}{\pi R^2}\int_0^R 2\pi rv\mathrm{d}r=\frac{R^2}{8\mu}\frac{\mathrm{d}p}{\mathrm{d}x} \tag{6-4}$$

求解式(6-4)可得：

$$\frac{\mathrm{d}p}{\mathrm{d}x}=\frac{8\mu\bar{v}}{R^2} \tag{6-5}$$

则速度梯度为：

$$\frac{\mathrm{d}v}{\mathrm{d}r}=\frac{2r}{4\mu}\frac{\mathrm{d}p}{\mathrm{d}x}=\frac{2r}{4\mu}\frac{8\mu\bar{v}}{R^2} \tag{6-6}$$

当 $r=R$ 时，可以求得管侧壁上的速度梯度：

$$\frac{\mathrm{d}v}{\mathrm{d}r}=\frac{4\bar{v}}{R} \tag{6-7}$$

黏滞流体摩擦剪切力为：

$$\tau=\mu\frac{4\bar{v}}{R} \tag{6-8}$$

黏滞阻力为：

$$F_{\mathrm{visco}}=2\pi Rh\tau=8\pi\mu h\bar{v} \tag{6-9}$$

液柱自身的重力为：

$$F_{\mathrm{grav}}=\rho\pi R^2hg \tag{6-10}$$

液体在毛细管中运动，由于自身速度的变化，会产生一定的惯性效应。建立流体动力学方程：

$$\frac{\mathrm{d}(m\bar{v})}{\mathrm{d}t}=F \tag{6-11}$$

联合以上公式可以得到：

$$\frac{\mathrm{d}}{\mathrm{d}t}\left(\pi R^2\rho h\frac{\mathrm{d}h}{\mathrm{d}t}\right)=2\pi R\sigma\cos\theta-8\pi\mu h\frac{\mathrm{d}h}{\mathrm{d}t}-\pi R^2h\rho g \tag{6-12}$$

分析发现，液柱在运动过程中，阻力和动力综合作用的结果，毛细管力是驱动力，重力、黏滞力和惯性力为阻力。渗吸的不同阶段，各种作用力的作用机制

也不同，有必要对不同的渗吸阶段进行讨论。

6.1.1 纯惯性力模型

第一阶段，也叫纯惯性力阶段，毛细管力渗吸初期，吸入流体的质量很小，流体的重力和黏滞阻力作用忽略不计，流体受到毛细管力和惯性力作用。即在公式(6-12)中忽略重力和黏滞阻力，可得

$$\frac{\mathrm{d}}{\mathrm{d}t}\left(\pi R^2\rho h\frac{\mathrm{d}h}{\mathrm{d}t}\right)=2\pi R\sigma\cos\theta \tag{6-13}$$

求解微分方程(6-13)，可得毛细管流体上升高度的表达式

$$h=t\sqrt{\frac{2\sigma\cos\theta}{\rho R}} \tag{6-14}$$

在初期的纯惯性力渗吸阶段，渗吸时间与渗吸高度具有线性关系。

6.1.2 惯性黏性阶段

第二阶段，也叫惯性、黏性阶段，随着毛细管中流体的不断增加，黏滞阻力越来越重要，形成了毛细管力、黏滞力和惯性力共同作用的阶段。即在公式(6-12)中忽略重力，可得

$$\frac{\mathrm{d}\left(h\frac{\mathrm{d}h}{\mathrm{d}t}\right)}{\mathrm{d}t}=ah\frac{\mathrm{d}h}{\mathrm{d}t}+b \tag{6-15}$$

式中

$$a=\frac{8\mu}{R^2\rho},\quad b=\frac{2\sigma\cos\theta}{R\rho}$$

求解公式(6-15)，可得

$$h=\sqrt{\frac{2b}{a}\left[t-\frac{1}{a}(1-\mathrm{e}^{-at})\right]} \tag{6-16}$$

6.1.3 黏性阶段 LW 方程

第三阶段，也叫纯黏性阶段。毛细管中的流体继续上升，阻力与毛细管力逐渐相互抵消，流体加速度越来越小，惯性效应逐渐减弱，此时流体只受到黏滞力和毛细管力作用。即在公式(6-12)中忽略重力和惯性影响，可得

$$h=\sqrt{\frac{\sigma R\cos\theta}{2\mu}t} \tag{6-17}$$

公式(6-17)即为 LW 方程，可知黏性阶段毛管中流体上升高度与时间的平方根呈线性关系。

6.1.4　第四阶段

第四阶段，流体上升到一定高度，自身重力的影响越来越大，形成了黏滞力、重力和毛细管力共同作用的阶段。临界渗吸高度为毛细管力与液柱重力相等时的等效高度。当流体高度大于渗吸高度 h 时，重力因素不能被忽略。流体速度比较小，忽略惯性效应，结合初始条件 $h(0)=0$，求解公式(6-12)，可得到上升高度 h 的隐式解，即

$$t(h)=-\frac{h}{b}-\frac{a}{b^2}\ln\left(1-\frac{bh}{a}\right) \tag{6-18}$$

式中

$$a=\frac{\sigma R\cos\theta}{4\mu},\quad b=\frac{\rho g R^2}{8\mu}$$

以上各种渗吸理论模型在特定的条件下可以描述不同阶段的渗吸行为。但是，对于整个过程，很难给出解析解，只能通过微分方程(6-12)进行描述。对于微纳米尺度的毛细管而言，流体的重力和惯性力都可以忽略不计，可采用纯黏性阶段的 LW 方程进行描述。

6.2　一维岩石自发渗吸 Handy 理论

一维的垂直气、水两相渗吸，最早是 Handy 给出的。假设水以活塞式在岩石中流动，气相的压力可以忽略不计，可知：

$$v_{\mathrm{w}}=\frac{k_{\mathrm{w}}}{\mu_{\mathrm{w}}}\left(\frac{p_{\mathrm{c}}}{x}-\Delta\rho g\right) \tag{6-19}$$

式中　v_{w}——水相流速；

$\Delta\rho$——水相与气相的密度差；

g——重力加速度；

x——前缘移动距离；

p_{c}——毛细管力，常数。

对于活塞式驱替而言

$$v_{\mathrm{w}}=\varphi S_{\mathrm{wf}}\frac{\mathrm{d}x}{\mathrm{d}t} \tag{6-20}$$

对于致密岩石而言，重力相比毛细管力较小可忽略不计，联立方程可知：

$$\frac{dx}{dt}=\frac{k_w}{\varphi\mu_w S_{wf}}\frac{p_c}{x} \tag{6-21}$$

积分可得：

$$x^2=\frac{2p_c k_w}{\varphi\mu_w S_{wf}}t \tag{6-22}$$

吸入水的体积为：

$$V_{imb}=A_c\sqrt{\frac{2p_c k_w \varphi S_{wf}}{\mu_w}}\sqrt{t} \tag{6-23}$$

由于水相渗透率、孔隙度、前缘含水饱和度、流体黏度和岩石尺寸都可以通过测量得到，则p_c可以通过实验测量的吸入体积与时间平方根的关系来计算。Handy 模型给出了一个评价岩石有效毛细管力的方法。

对岩石样品而言，孔隙度和渗透率一定。通过 Handy 模型可知，小孔中的毛细管力较高，水优先进入小孔，之后慢慢进入大孔。水在岩石中受到黏滞力和毛细管力作用，毛细管力逐渐被不断增加的黏滞力(渗吸长度增加)抵消(图 6-2)。

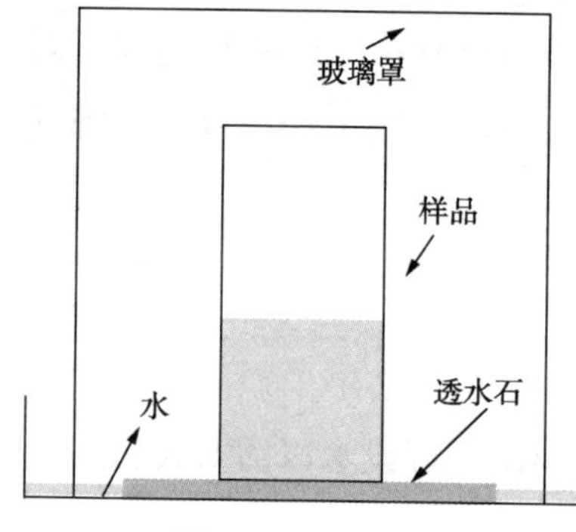

图 6-2　Handy 模型

Handy 模型可以化简为：

$$V_{imb}/A_c=A\sqrt{t} \tag{6-24}$$

其中：

$$A=\sqrt{\frac{2p_c k_w \varphi S_{wf}}{\mu_w}} \tag{6-25}$$

通过渗吸实验，可获得 V_{imb}/A_c 与$\sqrt{t}$的关系曲线，斜率即为渗吸速率 A。渗吸速率 A，反映了流体在岩石中流动的速率，与毛细管力、渗透率、孔隙度、含水饱和度和流体黏度有关，是岩石的固有属性。

6.3　三维岩石自发渗吸理论

6.3.1　三维渗吸模型建立

水在毛细管力作用下自发渗吸进入含油的多孔岩石中，排出油滴，可以提高储层的原油采收率。为了建立多孔岩石的渗吸排油模型，做如下假设：

(1) 渗吸过程为逆向渗吸，即水的流动方向与油的流动方向相反。

(2) 毛细管力渗吸为油水两相流动，重力相比毛细管力较小，可以忽略不计。

(3) 毛细管力渗吸可视为活塞式驱替，油、水相的相对渗透率和毛细管力不随含水饱和度变化。

(4) 岩石渗透率为各向同性的，不考虑层理作用。

图 6-3 为三维多孔岩石逆向渗吸示意图。

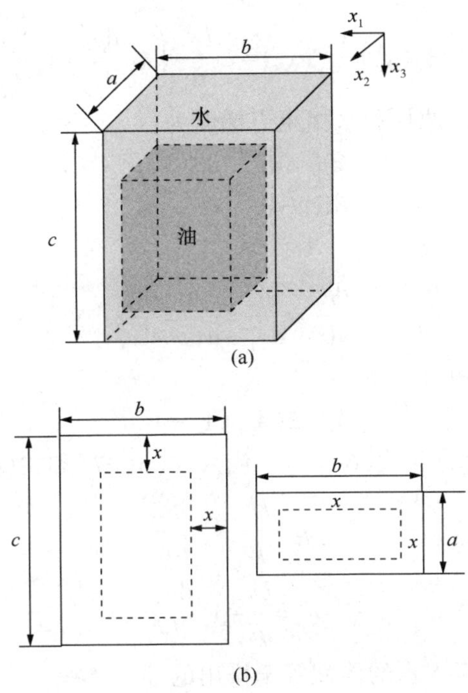

图 6-3 三维多孔岩石逆向渗吸示意图

根据达西公式可知，垂直于 x_1 方向上的两个面的油相和水相流量为：

$$q_o(x_1)=2\frac{kk_{ro}}{\mu_o}A_{x_1}\frac{dp_o}{dx_1}$$

$$q_w(x_1)=2\frac{kk_{rw}}{\mu_w}A_{x_1}\frac{dp_w}{dx_1}$$

$$A_{x_1}=(a-2x)(c-2x) \tag{6-26}$$

式中 $q_o(x_1)$、$q_w(x_1)$——油、水的流量，cm^3/s；

k——岩石绝对渗透率，$10^{-3}\mu m^2$；

k_{ro}、k_{rw}——油、水的相对渗透率，$10^{-3}\mu m^2$；

μ_o、μ_w——油、水的黏度，cP；

p_o、p_w——油和水的压力，Pa；

A_{x_1}——渗吸前缘截面积，cm^2。

垂直于 x_1、x_2 和 x_3 方向上的油相和水相流量之和为：

$$q_o = q_o(x_1) + q_o(x_2) + q_o(x_3) = 2\frac{kk_{ro}}{\mu_o}\left(A_{x_1}\frac{dp_o}{dx_1} + A_{x_2}\frac{dp_o}{dx_2} + A_{x_3}\frac{dp_o}{dx_3}\right) \tag{6-27}$$

和

$$q_w = q_w(x_1) + q_w(x_2) + q_w(x_3) = 2\frac{kk_{rw}}{\mu_w}\left(A_{x_1}\frac{dp_w}{dx_1} + A_{x_2}\frac{dp_w}{dx_2} + A_{x_3}\frac{dp_w}{dx_3}\right) \tag{6-28}$$

渗吸前缘与岩块之间的油相和水相压力梯度为：

$$\frac{dp_o}{dx} = \frac{dp_o}{dx_1} = \frac{dp_o}{dx_2} = \frac{dp_o}{dx_3} \tag{6-29}$$

和

$$\frac{dp_w}{dx} = \frac{dp_w}{dx_1} = \frac{dp_w}{dx_2} = \frac{dp_w}{dx_3} \tag{6-30}$$

渗吸前缘的表面积之和为：

$$A_x = 2(A_{x_1} + A_{x_2} + A_{x_3}) \tag{6-31}$$

将式(6-29)、式(6-30)和式(6-31)，代入式(6-27)和式(6-28)中，可得：

$$q_o = \frac{kk_{ro}}{\mu_o}A_x\frac{dp_o}{dx}$$
$$q_w = \frac{kk_{rw}}{\mu_w}A_x\frac{dp_w}{dx} \tag{6-32}$$

对于逆向渗吸而言，吸入水的体积等于排出的油的体积：

$$q_w = -q_o \tag{6-33}$$

结合方程(6-32)和方程(6-33)，可得：

$$\frac{k_{ro}}{\mu_o}\frac{dp_o}{dx} = -\frac{k_{rw}}{\mu_w}\frac{dp_w}{dx} \tag{6-34}$$

油水界面处，油相和水相压力关系为：

$$p_o = p_w + p_c \tag{6-35}$$

将方程(6-35)代入方程(6-34)中，得到水相压力梯度为：

$$\frac{dp_w}{dx} = \frac{-1}{1 + \frac{k_{rw}}{k_{ro}}\frac{\mu_w}{\mu_o}}\frac{dp_c}{dx} \tag{6-36}$$

将公式(6-36)代入公式(6-32)得到：

$$q_{w}=kA_{x}\frac{-1}{\frac{\mu_{o}}{k_{ro}}+\frac{\mu_{w}}{k_{rw}}}\frac{\mathrm{d}p_{c}}{\mathrm{d}x} \tag{6-37}$$

假设渗吸前缘之后，毛细管力随着距离为线性变化，则水相流量为：

$$q_{w}=kA_{x}\frac{1}{\frac{\mu_{o}}{k_{ro}}+\frac{\mu_{w}}{k_{rw}}}\frac{p_{c}}{x} \tag{6-38}$$

式中 p_{c}——渗吸前缘处的毛细管力。

水相流量还可以通过质量守恒方程来表征。渗吸引起的岩块中水相累积体积为：

$$V_{imb}=\int_{0}^{x}A_{x}\varphi(S_{wf}-S_{wi})\,\mathrm{d}x \tag{6-39}$$

式中 S_{wf}、S_{wi}——前缘含水饱和度、初始含水饱和度，小数；

对方程(6-39)进行求导，可得水的流量为：

$$q_{w}=\frac{\mathrm{d}V_{imb}}{\mathrm{d}t}=\frac{\mathrm{d}V_{imb}}{\mathrm{d}x}\frac{\mathrm{d}x}{\mathrm{d}t}=\varphi(S_{wf}-S_{wi})A_{x}\frac{\mathrm{d}x}{\mathrm{d}t} \tag{6-40}$$

令方程(6-40)与公式(6-39)相等，得到：

$$\frac{k}{x\varphi(S_{wf}-S_{wi})}\frac{p_{c}}{\left(\frac{\mu_{o}}{k_{ro}}+\frac{\mu_{w}}{k_{rw}}\right)}=\frac{\mathrm{d}x}{\mathrm{d}t} \tag{6-41}$$

积分方程(6-41)，可以得到渗吸前缘的位置随着时间 t 的变化为：

$$x=\sqrt{\frac{2kp_{c}t}{\left(\frac{\mu_{o}}{k_{ro}}+\frac{\mu_{w}}{k_{rw}}\right)\varphi(S_{wf}-S_{wi})}} \tag{6-42}$$

无因次渗吸长度为：

$$L_{D}=\frac{x}{x_{\infty}}=\frac{2x}{a} \tag{6-43}$$

将公式(6-43)代入式(6-42)中，可得

$$L_{D}=\sqrt{\frac{8kp_{c}t}{\left(\frac{\mu_{o}}{k_{ro}}+\frac{\mu_{w}}{k_{rw}}\right)\varphi(S_{wf}-S_{wi})a^{2}}} \tag{6-44}$$

其中，毛细管力和孔隙半径分别为：

$$p_c=\frac{2\sigma\cos\theta}{r}$$

$$r=\sqrt{\frac{8k}{\varphi}}$$

将公式(6-44)进行变换，可得

$$L_D^2=t\sqrt{\frac{k}{\varphi}}\frac{\sigma\cos\theta}{\left(\frac{\mu_o}{k_{ro}}+\frac{\mu_w}{k_{rw}}\right)a^2}\cdot\frac{4\sqrt{2}}{(S_{wf}-S_{wi})} \tag{6-45}$$

公式(6-45)与M-K渗吸相似准则非常接近，可知公式(6-44)表示为

$$L_D=\sqrt{4\sqrt{2}t_D} \tag{6-46}$$

其中

$$t_D=t\sqrt{\frac{k}{\varphi}}\frac{\sigma\cos\theta}{\left(\frac{\mu_o}{k_{ro}}+\frac{\mu_w}{k_{rw}}\right)(S_{wf}-S_{wi})L_c^2} \tag{6-47}$$

根据Mattax and Kyte(1962)可知，改进后的相似准则能够将实验室内样品测试的渗吸结果直接推广到整个实际油藏的开发。其中，渗吸特征长度为L_c与岩石实验样品的形状有关。对于长方体或立方体而言，$L_c=a/2$；对于圆柱体而言，$L_c=R/2$；对于OEO样品而言，$L_c=L$。此外，由$0<L_D<1$可知，无因次渗吸时间为$0<t_D<\sqrt{2}/8$。

毛细管渗吸终止时，累计吸入水相的体积为：

$$V_\infty=abc\varphi(S_{wf}-S_{wi}) \tag{6-48}$$

长方体岩石的渗吸采收率为：

$$\frac{V_{imb}}{V_\infty}=L_D\left[\frac{ab+bc+ac}{bc}-\frac{a(a+b+c)}{bc}L_D+\frac{a^2}{bc}L_D^2\right] \tag{6-49}$$

对于立方体而言，边长相等，即$a=b=c$，公式(5-49)得：

$$\frac{V_{imb}}{V_\infty}=L_D(3-3L_D+L_D^2) \tag{6-50}$$

对于圆柱体岩块三维流动而言[图6-4(a)]，渗吸采收率为：

$$\frac{V_{imb}}{V_\infty}=L_D\left[2\left(1+\frac{R}{h}\right)-\left(1+4\frac{R}{h}\right)L_D+\frac{2R}{h}L_D^2\right] \tag{6-51}$$

对OEO实验样品而言[图6-4(b)]，渗吸采收率为：

$$\frac{V_{imb}}{V_\infty}=L_D \tag{6-52}$$

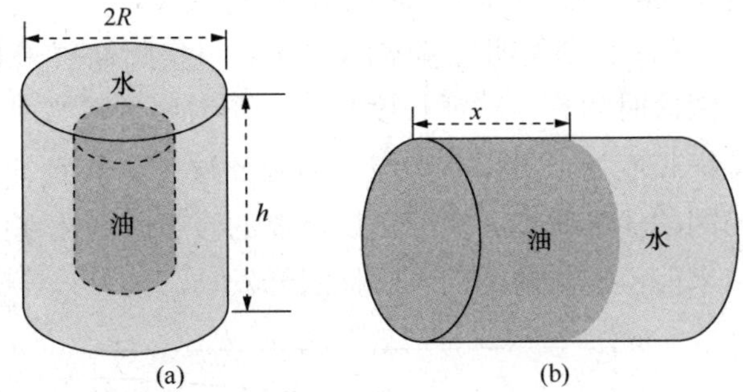

图 6-4 三维多孔岩石逆向渗吸示意图

对于立方体样品而言，吸入体积为：

$$V_{\mathrm{imb}}=\frac{2x}{a}\left[3-3\frac{2x}{a}+\left(\frac{2x}{a}\right)^{2}\right]a^{3}\varphi(S_{\mathrm{wf}}-S_{\mathrm{wi}}) \tag{6-53}$$

单位表面的吸入体积为：

$$\frac{V_{\mathrm{imb}}}{A_{\mathrm{c}}}=x\varphi(S_{\mathrm{wf}}-S_{\mathrm{wi}})\left(1-\frac{2x}{a}+\frac{4x^{2}}{3a^{2}}\right) \tag{6-54}$$

当渗吸初期，渗吸长度 x 相比特征长度 $a/2$ 很小可忽略不计，则

$$\frac{V_{\mathrm{imb}}}{A_{\mathrm{c}}}=x\varphi(S_{\mathrm{wf}}-S_{\mathrm{wi}})=A\sqrt{t} \tag{6-55}$$

对于样品三维渗吸而言，在渗吸实验初期，可通过绘制 $V_{\mathrm{imb}}/A_{\mathrm{c}}$ 与$\sqrt{t}$的关系曲线，曲线斜率基本等于渗吸速率 A。

6.3.2 影响因素分析

1）无量纲渗吸时间

结合公式(6-47)，可以看出无因次时间 t_{D} 与渗透率、表面张力和 $\cos\theta$ 成正比，与油水流度和、孔隙度、含水饱和度变化成反比。为了分析渗吸时间和特征长度的影响，取表 6-1 中基本参数进行计算。

表 6-1 基本参数

渗透率/$10^{-3}\mu m^2$	孔隙度/%	初始含水饱和度 S_{wi}	表面张力/(N/m)	润湿角/(°)
0.001	8.0	0.4	0.072	30
前缘含水饱和度 S_{wf}	水黏度/Pa·s	油的黏度/Pa·s	水相对渗透率 k_{rw}	油相对渗透率 k_{ro}
0.9	0.001	0.002	0.6	0.25

图 6-5 为无量纲渗吸时间 t_{D} 与渗吸时间 t 的关系，随着渗吸时间增加，无因

次渗吸时间 t_D 逐渐增加。无因次渗吸时间 t_D 可将实验结果推广到实际储层中，只要保证 $[t_D]_{lab}=[t_D]_{field}$，则说明实验室内的样品与实际储层具有相同的渗吸状态。对于相同的无因次时间 t_D，特征长度越大，所需要的渗吸时间 t 越长。一般实验室内的样品特征长度处于 10^{-2}m 量级，实际储层的岩块特征长度处于 1m 量级，可知要达到相同的渗吸状态，实际储层所需的渗吸时间比室内样品高 10^4 倍。可见，室内实验结果能模拟长周期的实际储层开发动态。

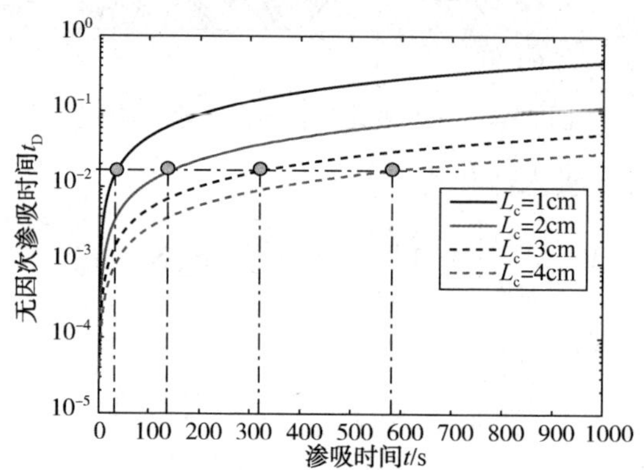

图 6-5　无量纲渗吸时间 t_D 与渗吸时间 t 的关系

2）无量纲渗吸长度

图 6-6 为无因次渗吸长度 L_D 与无因次渗吸时间 t_D 的关系。随着无因次渗吸时间 t_D 的增加，无因次渗吸长度 L_D 逐渐增加。无因次渗吸时间 t_D 的变化范围为 0~0.177[图 6-6(a)]。无因次渗吸长度 L_D 与 $\sqrt{t_D}$ 呈很好的线性关系。

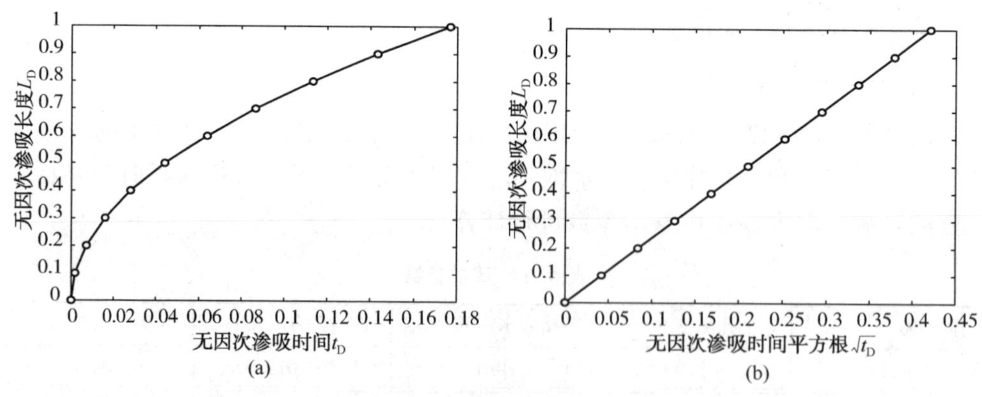

图 6-6　三维多孔岩石逆向渗吸示意图

3）无量纲渗吸体积

图 6-7 为无因次渗吸体积 V_{imb}/V_∞ 与 L_D 的关系。随着无因次渗吸距离 L_D 增

加，无因次渗吸体积 V_{imb}/V_{∞} 逐渐增加。对于相同的无因次渗吸距离 L_D，所有面渗吸的样品比单面渗吸的样品渗吸体积大。对于圆柱体 AFO 渗吸而言，半径与高度比例越大，无因次渗吸体积 V_{imb}/V_{∞} 越大。需要指出的是，在相同的无因次渗吸距离 L_D 下，所有面渗吸(AFO)的无因次渗吸体积接近相等。可见，特征长度 L_c 已经将样品形状很好地考虑在内了。

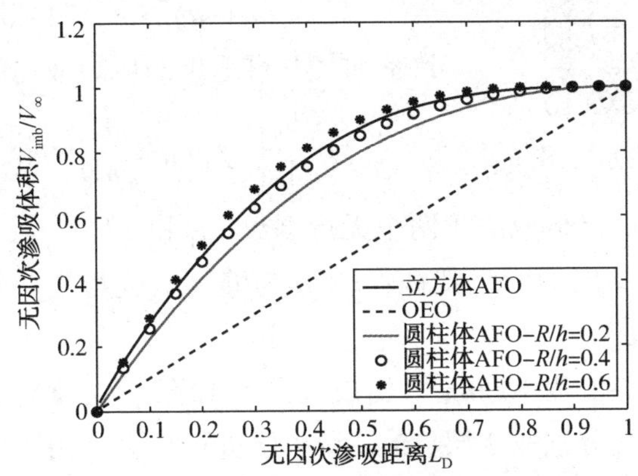

图 6-7　无因次渗吸体积 V_{imb}/V_{∞} 与 L_D 的关系

6.3.3　渗吸理论在返排率计算中的应用

国内外压裂施工表明，致密储层油气井压裂后返排率普遍低于 30%，有些甚至低于 5%。压裂液渗吸进入致密储层是导致返排率较低的主要原因。由于致密油气层压裂后形成复杂裂缝网络，传统的单缝模型难以适用于致密油气层。类比双孔双介质模型和软件 Meyer 缝网模型，将每一级压裂控制的储层简化为裂缝相互贯穿的立方体(图 6-8)，岩块之间的裂缝铺设 n 层支撑剂(图 6-9)。

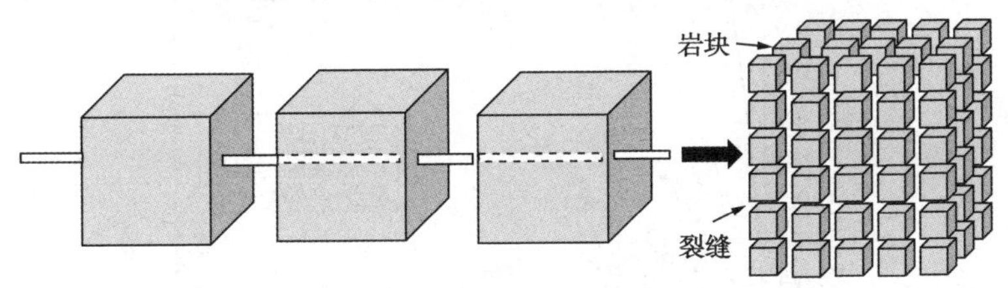

图 6-8　水平井多级压裂示意图

根据质量守恒原理，向地层中注入的压裂液体积 V_{inj} 与人工裂缝的体积相等(由于致密油气层渗透率低，滤失作用可忽略不计)。则压裂形成的岩块个数 m 为：

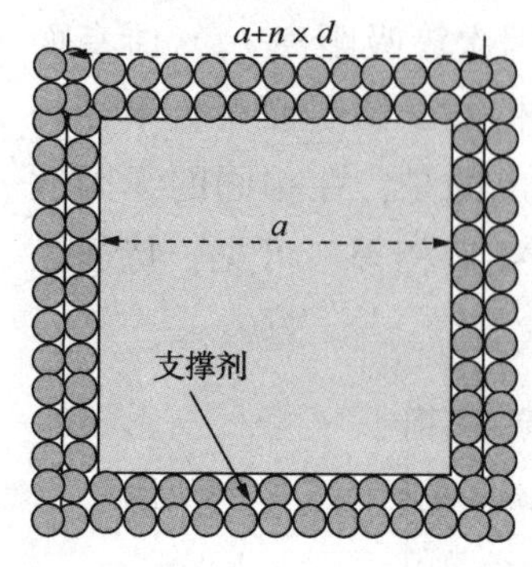

图 6-9　支撑剂铺设示意图

$$m=\frac{V_{\text{inj}}}{(a+nd)^3-a^3} \tag{6-56}$$

渗吸进入岩块的压裂液体积与注入的压裂液体积之比为：

$$\frac{V_{\text{imb}}}{V_{\text{inj}}}=\frac{a^3-(a-2x)^3}{(a+nd)^3-a^3}=\frac{1-(1-L_{\text{D}})^3}{(1+nd/a)^3-1} \tag{6-57}$$

致密油气井可返出的压裂液比例（返排率）为：

$$1-\frac{V_{\text{imb}}}{V_{\text{inj}}}=f\left(L_{\text{D}}, \frac{nd}{a}\right)=f\left(t_{\text{D}}, \frac{nd}{a}\right) \tag{6-58}$$

可知，返排率的高低取决于两个无量纲数：t_{D}和 nd/a。其中，无量纲的渗吸时间 t_{D}反映了致密储层的渗吸特征；nd/a 为缝网宽度与岩块长度之比，反映了压裂缝网的形态特征。

假设注入的压裂液为 1000m^3，压裂级数为 12 级，支撑剂选用 20～40 目石英砂，支撑剂铺设层数分别取 2 层、3 层和 4 层进行计算。由于支撑剂并非均匀铺设，部分支撑剂会嵌入裂缝壁面，因此裂缝宽度并不是完全等于支撑剂铺设高度。可将 nd 进行连续变化，模拟裂缝宽度。铺设 3 层 20 目的石英砂，裂缝宽度为 3.4mm（4×0.85mm）。裂缝宽度可视为在 0～3.4mm 范围内连续变化，岩体特征长度取 1m。

图 6-10 为无因次渗吸时间对压裂液吸入比例的影响。在一定的无因次裂缝宽度下，随着无因次时间 t_{D} 的增加，压裂液吸入比例逐渐增加，最终压裂液会全部吸入地层。无因次时间 t_{D} 较小时，吸入比例的增幅较大，随着 t_{D} 逐渐增加，增速放缓。

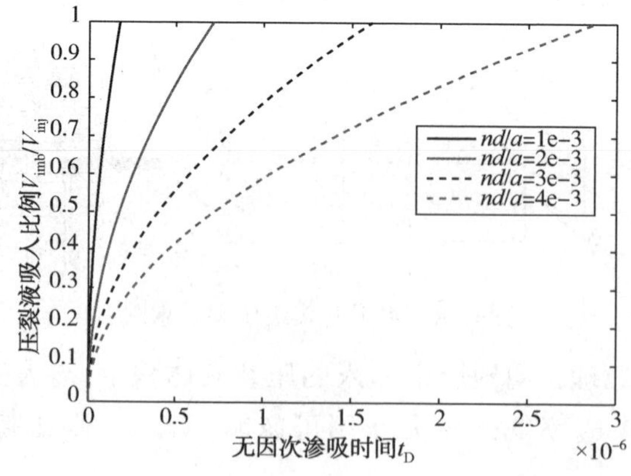

图 6-10　无因次渗吸时间对压裂液吸入比例的影响

图 6-11 无因次裂缝宽度对压裂液吸入比例的影响。在一定的无因次渗吸时间 t_D 下，随着无因次裂缝宽度的 nd/a 的增加，压裂液吸入比例逐渐降低。无因次时间 nd/a 较小时，吸入比例的降幅较快，随着 nd/a 逐渐增加，降幅放缓。

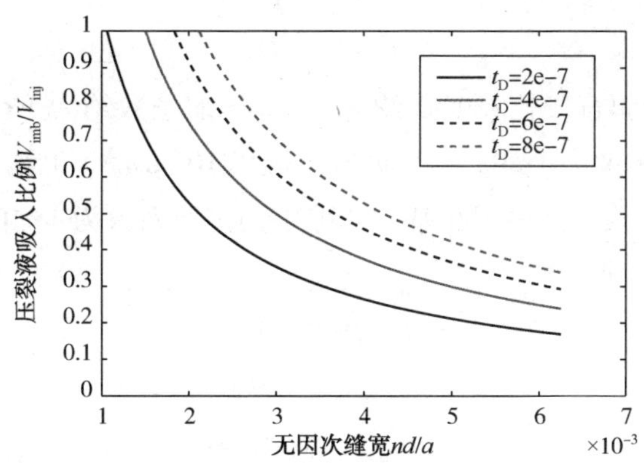

图 6-11　无因次裂缝宽度对压裂液吸入比例的影响

6.4　致密储层渗吸过程中油相迁移动态变化

6.4.1　致密储层渗吸相关物理过程分析

压后焖井期间，大量的压裂液滞留在盐间页岩油地层中，在流体压力和毛细管力共同作用下，大量压裂液慢慢进入盐间页岩储层孔隙中，使得储层中含水饱和度逐渐增加，同时不断排驱孔隙中的原油。此外，盐间页岩储层中的盐晶体发生溶解，并逐渐扩散进入压裂液中，使得压裂液的盐度逐渐提高。可见，焖井期间压裂液与盐间页岩储层相互作用的物理过程可以表述为三部分：①流体压力引起油水两相发生达西渗流，引起页岩储层内含水饱和度上升；②毛细管力与含水饱和度有关，含水饱和度不均匀分布导致毛细管力大小不一，发生含水饱和度差扩散作用；③盐间页岩储层中的盐离子发生溶解作用，由高盐度的基质孔隙扩散进入低盐度的压裂液中。为了分析三个物理过程的耦合作用，需要分别计算特征时间，对比数量级的相对大小。

流体压力驱动下达西渗流特征时间为：

$$t_{conv} \approx \frac{\varphi C_t L^2}{k/\mu}$$

毛细管力引起的含水饱和度扩散特征时间为：

$$t_{\text{dif-wa}} \approx \frac{L^2}{D(S_w)}$$

盐度差引起的离子扩散特征时间为：

$$t_{\text{dif-ion}} \approx \frac{L^2}{D}$$

对于盐间页岩而言，孔隙度 φ 约为 5%，压缩系数约为 $1\times10^{-10}\text{Pa}^{-1}$，特征长度 L 为 1m，水的黏度为 1mPa·s，页岩渗透率 $10^{-7}\mu\text{m}^2$，毛细管力水相扩散系数平均约为 $1\times10^{-8}\text{m}^2/\text{s}$，盐离子在基质孔隙中的扩散系数为 $1\times10^{-14}\text{m}^2/\text{s}$(Fakcharoenphol 等，2013)。则

$$t_{\text{conv}} \approx 5\times10^4\text{s}$$

$$t_{\text{dif-wa}} \approx 1\times10^8\text{s}$$

$$t_{\text{dif-ion}} \approx 1\times10^{14}\text{s}$$

由此可见，三个特征时间相差两个数量级以上，达西渗流引起的变化可以迅速传递到物体内部各处，毛细管力引起的含水饱和度差扩散作用与其相比十分缓慢，而盐度差引起的离子扩散作用相比前两个过程则更加缓慢，因此可以近似地认为三个物理过程可以解耦分析。

6.4.2 岩石油水两相渗流理论基础

本节基于油水两相在岩石中流动的渗流模型，分析致密油储层压差驱动下渗流、毛细管力作用下的自发渗吸流动以及两者之间的相互作用，阐明致密油储层焖井期间压裂液吸收过程中的油水两相迁移规律。油水两相流体分别以一定的流速沿着水平方向流动，假设垂直于流动方向的端面内压力与饱和度均匀分布；流体不可压缩，具有定常黏度，且不发生混相；重力相比驱动压差和毛细管力小得多，可忽略不计。可知控制方程如下：

1) 质量守恒方程

$$\varphi\frac{\partial S_w}{\partial t}+\frac{\partial v_w}{\partial x}=0$$

$$\varphi\frac{\partial S_o}{\partial t}+\frac{\partial v_o}{\partial x}=0$$

$$S_w+S_o=1 \tag{6-59}$$

2) 动量守恒方程(运动方程)

根据多相达西定律，水相和油相的达西速度为：

$$v_w = -\frac{kk_{rw}}{\mu_w}\frac{\partial p_w}{\partial x}$$

$$v_o = -\frac{kk_{ro}}{\mu_o}\frac{\partial p_o}{\partial x} \tag{6-60}$$

式中　k_{ro}、k_{rw}——油相和水相的相对渗透率；

p_w、p_o——油相和水相的压力；

p_c——毛细管力。

相对渗透率和毛细管力都是含水饱和度 S_w 的函数。

3）本构方程

由于水相为润湿相，在油水界面处，满足

$$p_c(S_w) = p_o - p_w \tag{6-61}$$

水相和油相相对渗透率是含水饱和度的函数，可以按照经验关系式进行表征：

$$k_{rw} = k_{rw,max}\left(\frac{S_w - S_{wi}}{1 - S_{or} - S_{wi}}\right)^m$$

$$k_{ro} = k_{ro,max}\left(1 - \frac{S_w - S_{wi}}{1 - S_{or} - S_{wi}}\right)^n \tag{6-62}$$

毛细管力也是随着含水饱和度的变化而变化。目前，主要有两种经验关系来表征毛细管力的变化规律，分别为指数式和对数式。

$$P_c = P_{c,entry}\left(\frac{S_w - S_{wi}}{1 - S_{or} - S_{wi}}\right)^\alpha$$

$$P_c = -P_{c,entry}\ln\left(\frac{S_w - S_{wi}}{1 - S_{or} - S_{wi}}\right) \tag{6-63}$$

式中　S_{wi}、S_{or}——束缚水饱和度和残余油饱和度；

$k_{rw,max}$、$k_{ro,max}$——端点水相相对渗透率和油相相对渗透率；

m、n——指数。

在数值计算中，可以调整 $k_{rw,max}$，$k_{ro,max}$，m，n，$P_{c,entry}$ 和 α，来确保实验结果与数值模拟结果的一致性。

水相和油相的流度为：

$$\lambda_w = \frac{k_{rw}}{\mu_w},\ \lambda_o = \frac{k_{ro}}{\mu_o}$$

$$\lambda_t = \lambda_w + \lambda_o \tag{6-64}$$

令

$$v = v_w + v_o \tag{6-65}$$

两相的分流率为：

$$f_{w}=\frac{v_{w}}{v}$$

$$f_{o}=1-f_{w}=1-\frac{v_{w}}{v} \tag{6-66}$$

方程(6-60)变形为：

$$\frac{\partial P_{w}}{\partial x}=-\frac{\mu_{w}f_{w}v}{kk_{rw}}$$

$$\frac{\partial P_{o}}{\partial x}=-\frac{\mu_{o}(1-f_{w})v}{kk_{ro}} \tag{6-67}$$

根据方程(6-66)和方程(6-67)可以得到水相分流率为：

$$f_{w}=\frac{\lambda_{w}}{\lambda_{w}+\lambda_{o}}+\frac{k}{v}\frac{\lambda_{w}\lambda_{o}}{\lambda_{w}+\lambda_{o}}\frac{\partial p_{c}}{\partial x} \tag{6-68}$$

将方程(6-59)逐项相加，可得

$$\frac{\partial(v_{w}+v_{o})}{\partial x}=\frac{\partial v}{\partial x}=0 \tag{6-69}$$

可知，水相与油相速度之和与空间位置无关，采用$f_{w}v$代替v_{w}，将方程(6-68)代入水相渗流质量守恒方程中，可以得到：

$$\varphi\frac{\partial S_{w}}{\partial t}+\frac{\partial}{\partial x}\left(\frac{k\lambda_{w}\lambda_{o}}{\lambda_{t}}\frac{\partial P_{c}}{\partial x}\right)+v\frac{\partial}{\partial x}\left(\frac{\lambda_{w}}{\lambda_{t}}\right)=0 \tag{6-70}$$

对方程进行变换可知：

$$\frac{\partial S_{w}}{\partial t}=\frac{\partial}{\partial x}\left[D(S_{w})\frac{\partial S_{w}}{\partial x}\right]+C(S_{w},v)\frac{\partial S_{w}}{\partial x} \tag{6-71}$$

其中，$D(S_{w})$是水相毛细管扩散系数，表征毛细管力对含水饱和度分布的影响；$C(S_{w})$是水相对流系数，表征孔隙中流体的渗流对含水饱和度分布的影响。

$$D(S_{w})=-\frac{k\lambda_{w}\lambda_{o}}{\varphi\lambda_{t}}\frac{\mathrm{d}P_{c}}{\mathrm{d}S_{w}}$$

$$C(S_{w})=-\frac{v}{\varphi}\frac{\mathrm{d}}{\mathrm{d}S_{w}}\left(\frac{\lambda_{w}}{\lambda_{t}}\right)$$

6.4.3 致密储层逆向渗吸油水迁移动态特征

对于逆向自吸而言，水相与油相运动方向相反，吸入水的体积等于排出的油的体积，即$v=0$，则方程(6-71)可以简化为：

$$\frac{\partial S_w}{\partial t}=\frac{\partial}{\partial x}\left[D(S_w)\frac{\partial S_w}{\partial x}\right] \tag{6-72}$$

对于同向渗吸和加压驱替而言，水相与油相运动方向相同，则方程为：

$$\frac{\partial S_w}{\partial t}=\frac{\partial}{\partial x}\left[D(S_w)\frac{\partial S_w}{\partial x}\right]+C(S_w,\ v)\frac{\partial S_w}{\partial x} \tag{6-73}$$

结合相渗关系公式，分别根据毛细管压力指数式和对数式计算毛细管水相扩散系数为：

$$D(S_w)=-\frac{k}{\varphi}\frac{\frac{k_{rw,max}}{\mu_w}\frac{k_{ro,max}}{\mu_o}\left(\frac{S_w-S_{wi}}{1-S_{or}-S_{wi}}\right)^m\left(1-\frac{S_w-S_{wi}}{1-S_{or}-S_{wi}}\right)^n}{\frac{k_{rw,max}}{\mu_w}\left(\frac{S_w-S_{wi}}{1-S_{or}-S_{wi}}\right)^m+\frac{k_{ro,max}}{\mu_o}\left(1-\frac{S_w-S_{wi}}{1-S_{or}-S_{wi}}\right)^n}\left(\frac{S_w-S_{wi}}{1-S_{or}-S_{wi}}\right)^{\alpha-1}\frac{P_{c,entry}\alpha}{1-S_{or}-S_{wi}}$$

$$D(S_w)=\frac{k}{\varphi}\frac{\frac{k_{rw,max}}{\mu_w}\frac{k_{ro,max}}{\mu_o}\left(\frac{S_w-S_{wi}}{1-S_{or}-S_{wi}}\right)^m\left(1-\frac{S_w-S_{wi}}{1-S_{or}-S_{wi}}\right)^n}{\frac{k_{rw,max}}{\mu_w}\left(\frac{S_w-S_{wi}}{1-S_{or}-S_{wi}}\right)^m+\frac{k_{ro,max}}{\mu_o}\left(1-\frac{S_w-S_{wi}}{1-S_{or}-S_{wi}}\right)^n}P_{c,entry}\frac{1}{S_w-S_{wi}} \tag{6-74}$$

同时，根据水相和油相相渗关系，可以求得水相对流系数：

$$C(S_w)=-\frac{v}{\varphi}\frac{Am(S_w-S_{wi})^{m-1}(1-S_{or}-S_w)^n-An(S_w-S_{wi})^m(1-S_{or}-S_w)^{n-1}+2m(S_w-S_{wi})^{2m-1}}{[A(1-S_{or}-S_w)^n+(S_w-S_{wi})^m]^2}$$

其中，

$$A=\frac{\mu_w}{\mu_o}\frac{k_{ro,max}}{k_{rw,max}}(1-S_{or}-S_{wi})^{m-n}$$

为了对方程(6-72)进行数值求解，可以确定初始条件和边界条件。样品内含有油相和水相，水相处于束缚水状态，其余空间被油充满。

定解条件：

致密储层具有低孔、低渗的特点，流动可动能力差，难以实现恒流量注入。这里研究恒压差作用下油水两相流动。

初始条件为：

$$S_w(x,\ 0)=S_{wi}$$
$$p(x,\ 0)=p_{out}$$

边界条件为：

$$S_w(0,\ t)=1-S_{or}$$
$$S_w(L,\ t)=1-S_{wi}$$
$$p(0,\ t)=p_{in},\ p(L,\ t)=p_{out}$$

逆向渗吸是裂缝性致密储层中的主要渗吸形式，因此以逆向渗吸的方程求解为例。逆向渗吸方程为非线性抛物型方程，毛细管扩散系数很大程度上决定了储层的水相的动态分布。有必要对毛细管水相扩散系数进行分析。

方程(6-72)为非线性抛物型方程，采用有限差分法进行求解。需要对方程进行离散，建立显示格式。显式差分格式也会影响最终结果的稳定性，本书主要参考偏微分方程数值解法。为了方便表示，以函数 u 来代替 S_w。

$$\frac{u_j^{n+1}-u_j^n}{\tau}=\frac{1}{h}\left[D(u_{j+\frac{1}{2}}^n)\frac{u_{j+1}^n-u_j^n}{h}-D(u_{j-\frac{1}{2}}^n)\frac{u_j^n-u_{j-1}^n}{h}\right] \tag{6-75}$$

其中，

$$u_{j+\frac{1}{2}}^n=\frac{1}{2}(u_j^n+u_{j+1}^n)$$

$$u_{j-\frac{1}{2}}^n=\frac{1}{2}(u_{j-1}^n+u_j^n)$$

稳定性条件基本可以定为：

$$\max_j D(u_j^n)\frac{\tau}{\varphi h^2}\leqslant\frac{1}{2} \tag{6-76}$$

初始条件的离散为：

$$u_j^0=S_{wi},\quad j=0,\ 1,\ 2\cdots$$

边界条件的离散为：

$$u_0^n=1-S_{or},\quad n=0,\ 1,\ 2\cdots$$

图 6-12 中，含水饱和度剖面随着空间和时间的变化曲线。可以看出，随着渗吸时间增加，前缘波及过的位置含水饱和度逐渐增加；距离渗吸边界距离的增加，含水饱和度迅速下降。含水饱和度前缘呈现“灯芯”形态。

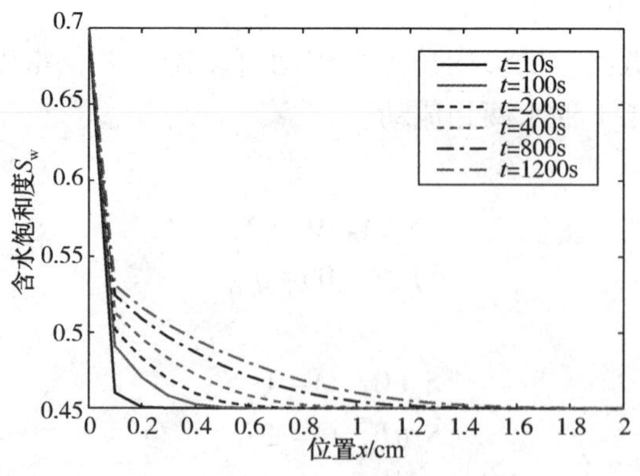

图 6-12 含水饱和度剖面动态变化

根据显示格式的稳定性条件，空间步长必须足够大，才能保证收敛性。尤其是模拟孔隙度较小的致密岩心样品渗吸时，误差较高。对于非线性的扩散方程，有必要构建无条件稳定的隐式格式，可以尽可能地消除时间步长和空间步长的影响。

$$\frac{u_j^{n+1}-u_j^n}{\tau}=\frac{1}{h}\left[a_{j+\frac{1}{2}}(u^n)\frac{u_{j+1}^{n+1}-u_j^{n+1}}{h}-a_{j-\frac{1}{2}}(u^n)\frac{u_j^{n+1}-u_{j-1}^{n+1}}{h}\right] \tag{6-77}$$

其中，

$$a_{j+\frac{1}{2}}(u^n)=\frac{1}{2}[k(u_j^n)+k(u_{j+1}^n)]$$

$$a_{j-\frac{1}{2}}(u^n)=\frac{1}{2}[k(u_j^n)+k(u_{j-1}^n)]$$

隐式差分格式(6-77)具有无条件稳定性。由于u_j^{n+1}的是线性的，可以采用追赶法来求解差分方程组。

$$-a_{j-\frac{1}{2}}(u^n)\frac{\tau}{h^2}u_{j-1}^{n+1}+\left[1+\frac{\tau}{h^2}a_{j+\frac{1}{2}}(u^n)+\frac{\tau}{h^2}a_{j-\frac{1}{2}}(u^n)\right]u_j^{n+1}-a_{j+\frac{1}{2}}(u^n)\frac{\tau}{h^2}u_{j+1}^{n+1}=u_j^n$$

图6-13为隐式格式(虚线)与显示格式(实线)的计算结果对比。可以看出，两者之间结果总体上一致，但是仍然存在一定偏差。在取相同时间和空间步长的情况下，隐式格式计算的含水饱和度剖面更加平滑。建议采用隐式格式进行逆向渗吸方程的求解。

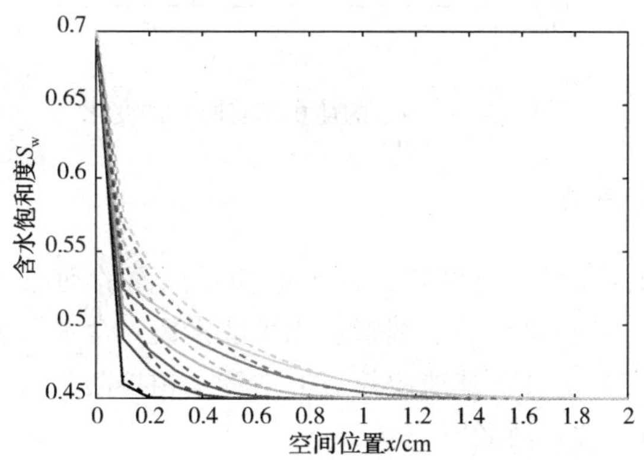

图6-13 隐式格式(虚线)与显示格式(实线)的计算结果对比

对方程进行差分求解，可以得到含水饱和度剖面随着时间的动态变化(图6-14)。室内渗吸实验，测试获得结果为吸入水的体积随着时间的关系(图6-15)。为了对理论与实验结果进行对比，计算吸入水的体积：

$$V_{imb}=A_c\varphi\int_0^L(S_w(x)-S_{wi})dx \tag{6-78}$$

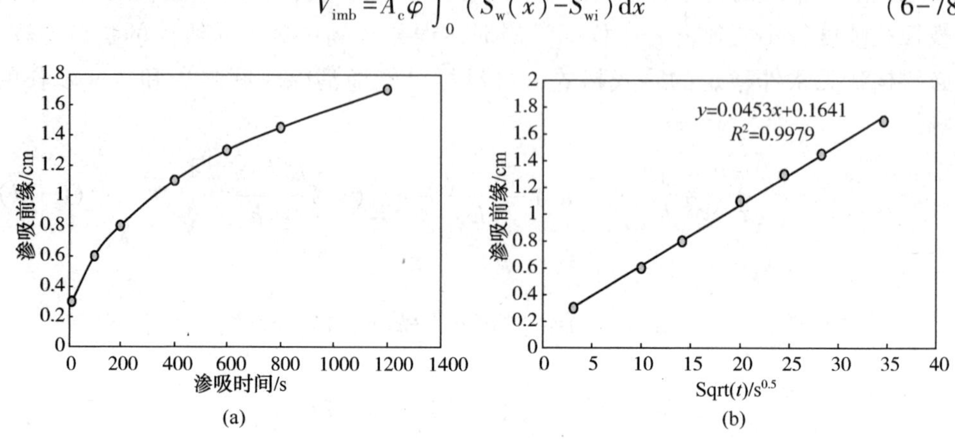

图 6-14　渗吸前缘位置随着时间的变化

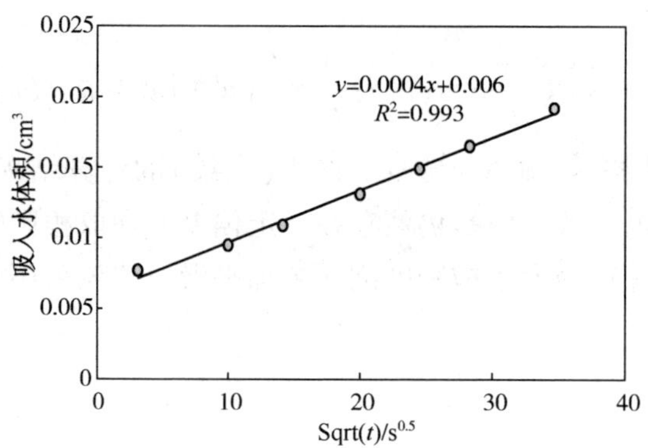

图 6-15　吸入水的体积随着时间的变化

6.4.4　影响因素分析

观察逆向渗吸方程(6-72)可知，含水饱和度剖面的动态变化主要取决于毛细管水相扩散系数，有必要分析毛细管水相扩散系数对含水饱和度剖面动态变化的影响，再根据量纲分析分析其他参数对毛细管水相扩散系数的影响。

1）毛细管水相扩散系数的影响

图 6-16(a)为 $t=1200$s 时，不同位置含水饱和度随着水相扩散系数的变化。随着水相扩散的增加，含水饱和度逐渐增加，同时含水饱和度前缘推进速度加快，说明毛细管水相扩散系数越高，毛细管力渗吸驱油速率越高。图 6-16(b)为 $x=0.4$cm、$t=1200$s 时含水饱和度随着水相扩散系数的变化。随着水相扩散的增加，含水饱和度的上升速率并不是恒定的，初期变化较快，之后逐渐减缓。

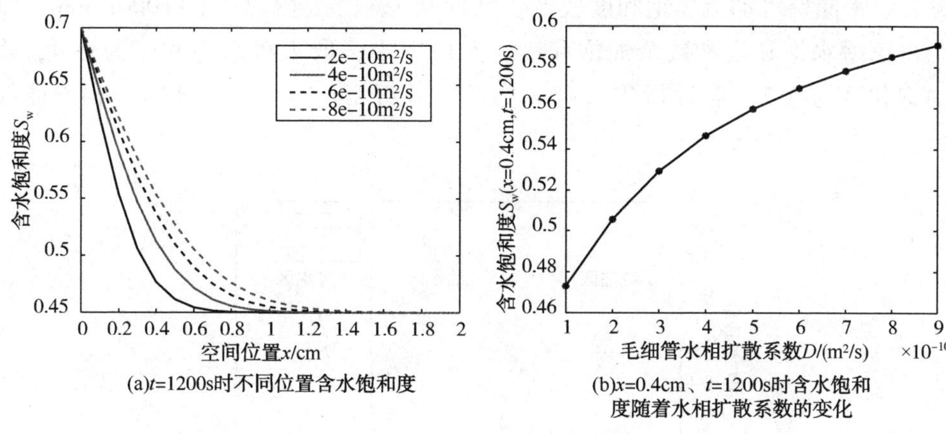

(a)t=1200s时不同位置含水饱和度

(b)x=0.4cm、t=1200s时含水饱和度随着水相扩散系数的变化

图 6-16　毛细管水相扩散系数对含水饱和度的影响

2）毛细管水相扩散系数相关因素分析

根据方程(6-74)可知，毛细管水相扩散系数与大量因素有关。采用量纲分析，确定无量纲数：

$$\frac{D(S_w)\phi\mu_w}{kP_{c,\text{entry}}}=\frac{k_{rw,\max}k_{ro,\max}\left(\dfrac{S_w-S_{wi}}{1-S_{or}-S_{wi}}\right)^m\left(1-\dfrac{S_w-S_{wi}}{1-S_{or}-S_{wi}}\right)^n}{\dfrac{\mu_o k_{rw,\max}}{\mu_w}\left(\dfrac{S_w-S_{wi}}{1-S_{or}-S_{wi}}\right)^m+k_{ro,\max}\left(1-\dfrac{S_w-S_{wi}}{1-S_{or}-S_{wi}}\right)^n}\frac{1}{S_w-S_{wi}} \tag{6-79}$$

针对确定无量纲数进行因素分析

$$\frac{D(S_w)\phi\mu_w}{kP_{c,\text{entry}}}=f\left(\frac{\mu_o}{\mu_w},\ k_{rw,\max},\ k_{ro,\max},\ S_{wi},\ S_{or},\ S_w\right) \tag{6-80}$$

取含水饱和度为 $S_w=0.6$，进行计算，分别研究油水黏度比、端点水相相对渗透率、端点油相相对渗透率、束缚水饱和度和残余油饱和度对无量纲水相扩散系数的影响。

毛细管水相扩散系数与相渗曲线、毛细管力有关。有必要深入分析致密储层相渗曲线和毛细管力特征。多相流体同时在岩石中流动时，某一相流体通过的能力大小成为该流体的相渗透率。相渗透率不仅与岩石的性质有关，还有流体的饱和度有关。多相流体渗流时，互相干扰，阻力较高，使得各相流体的相渗透率之和小于岩石的绝对渗透率。相渗透率与饱和度的关系曲线成为相渗曲线，可用于描述多相流体在岩石中的渗流特征。

取绝对渗透率 K 作为基准渗透率，计算水相和油相的相对渗透率。离心核磁共振实验测得的致密储层可动水饱和度 30%～40%，可动油饱和度 10%～30%。

可见，致密储层可动流体饱和度较低。然而离心机转速最高为 11000r/min，难以获得束缚水饱和度和残余油饱和度。本研究中，取束缚水饱和度为 0.4，残余油饱和度为 0.3。假设指数 m 与 n 相等，分析 $m=n=2$、3、4 时，相渗曲线特征。

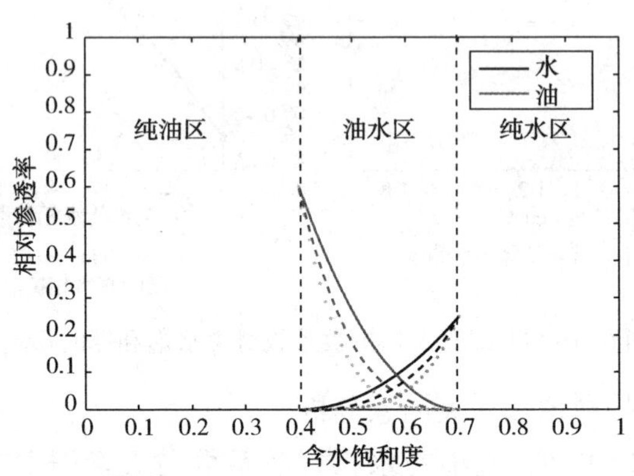

图 6-17　致密储层相渗曲线

图 6-17 中，致密储层可动流体饱和度较低，因此油水同流区范围较窄。油水同流区，两相相互干扰，附加阻力较为明显，在曲线交点处，两相渗透率之和（$K_{ro}+K_{rw}$）最低。指数 m 和 n 越大，两相干扰越严重。较高的指数可用于描述孔隙结构复杂的致密储层的渗流特征。

一般来说，岩石偏水湿，油相为润湿相，水相为非润湿相。相渗曲线分为三个区：纯油流动区、油水同流区和纯水流动区。当水相饱和度低于束缚水饱和度时，处于纯油流动区，水相无法流动；当油相饱和度低于残余油饱和度时，处于纯水流动区，油相无法流动；水相饱和度高于束缚水饱和度且油相饱和度高于残余油饱和度，处于油水同流区。此外，润湿相束缚水饱和度要高于残余油饱和度 $S_{wi}>S_{or}$。水相和油相随着本身饱和度的增加，相对渗透率都增加，但是油相随饱和度的增加速率要快些。

毛细管力与含水饱和度的关系一般有两种表达式：指数式和对数式。为了更好地描述致密储层的毛细管力特征，分别对两种经验关系进行研究，如图 6-18 所示。毛细管力随着含水饱和度的增加迅速减小，两种经验关系都可以描述毛细管力的变化规律。指数式中，取 $\alpha=-0.5$ 进行计算，发现两种经验关系的计算结果差别不大。可见，对数式可看作是指数式的一种特殊形式，通过调整 α 的值，可以获得更多的毛细管力的变化规律。考虑到致密储层复杂的微观渗流规律，这里采用指数式对毛细管水相扩散系数进行计算。

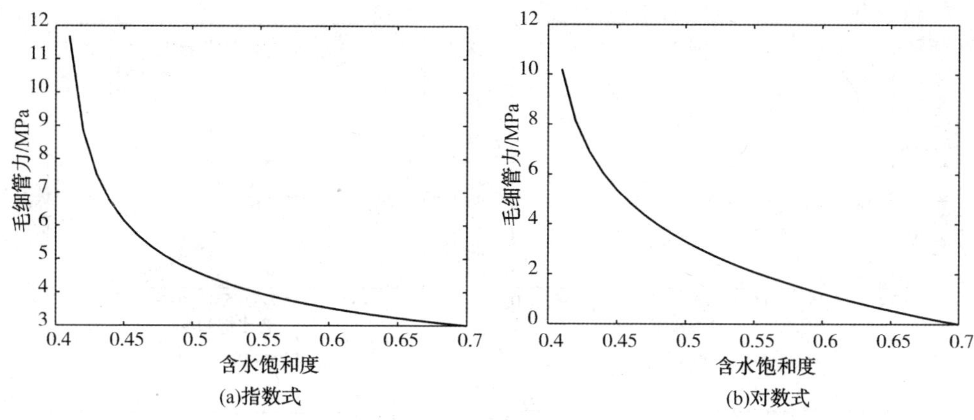

图 6-18 毛细管力随着含水饱和度的变化曲线

在计算毛细管水相扩散系数之前，需要确定相关储层物性参数。经过分析、对比，本书确定了适合致密储层油水渗吸理论研究的相关参数，主要包括绝对渗透率、油水黏度、油水相对渗透率、毛细管阈压、束缚水饱和度和残余油饱和度，如表 6-2 所示。其中，指数常数 m、n 和 α 与致密储层的渗流特征有关，考虑到致密储层复杂的孔隙结构和渗流规律，目前还没有办法给出准确的数值。这里主要采用敏感性分析的方法，研究指数常数对毛细管水相扩散系数的影响。取指数常数 $m=2$、$n=2$、$\alpha=-0.5$。

表 6-2 储层物性参数

绝对渗透率 k/mD	油黏度/Pa·s	水黏度/Pa·s	油相最高相对渗透率	水相最高相对渗透率	阈压/MPa	束缚水饱和度	残余油饱和度
0.001	0.002	0.001	0.6	0.25	3	0.4	0.3

图 6-19(a)中，毛细管水相扩散系数随着含水饱和度的变化。随着含水饱和度的增加，毛细管水相扩散系数迅速上升，当含水饱和度约等于临界含水饱和度时，毛细管水相扩散系数达到最大。随着含水饱和度继续增加，毛细管水相扩散系数缓慢降低。图 6-19(b)展示了指数常数 m 对毛细管水相扩散系数的影响，m 的数值增加，毛细管水相扩散系数迅速降低，且临界含水饱和度也是缓慢增加。图 6-19(c)展示了指数常数 n 对毛细管水相扩散系数的影响，n 的数值增加，毛细管水相扩散系数逐渐降低，且临界含水饱和度缓慢降低。图 6-19(d)展示了指数常数 α 对毛细管水相扩散系数的影响，α 的数值减小，毛细管水相扩散系数增加，临界含水饱和度不变。

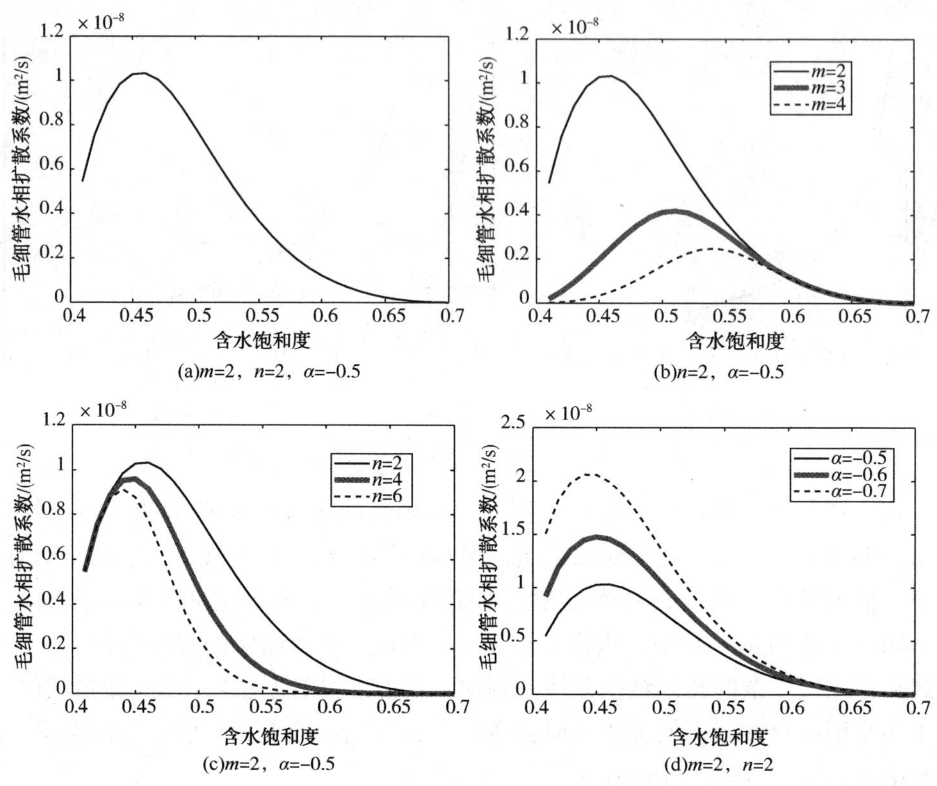

图 6-19　毛细管力随着含水饱和度的变化曲线

(1) 油水黏度比。图 6-20 为油水黏度比对无量纲水相扩散系数的影响。可见，随着油水黏度比的增加，无量纲水相扩散系数逐渐降低。初期无量纲水相扩散系数下降较快，之后下降速率逐渐减缓。这与黏滞阻力有关。油水黏度比越高，黏滞阻力越高，油相难以被驱替出来。

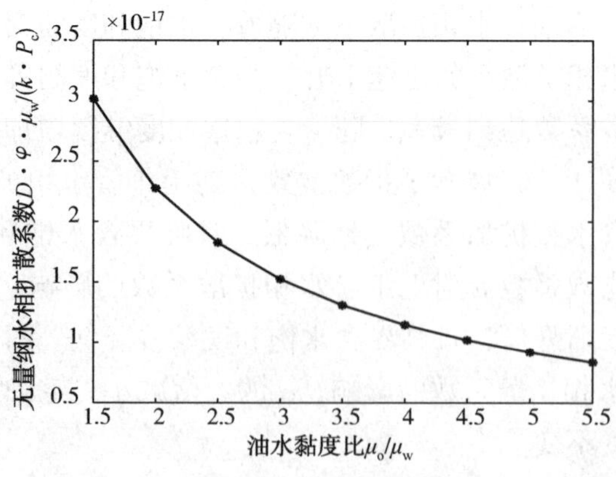

图 6-20　无量纲水相扩散系数与油水黏度比关系

（2）油相和水相端点相对渗透率。图 6-21 为无量纲水相扩散系数与端点相对渗透率关系。随着油相和水相端点相对渗透率的增加，无量纲水相扩散系数逐渐增加。可见，油相和水相在岩石中的流动性越强，水相驱替油相的速率越高。此外，油相端点相对渗透率与无量纲水相扩散系数呈线性关系。水相端点相对渗透率与无量纲水相扩散系数呈曲线关系，初期无量纲水相扩散系数增加较快，后期增加速率逐渐减慢。

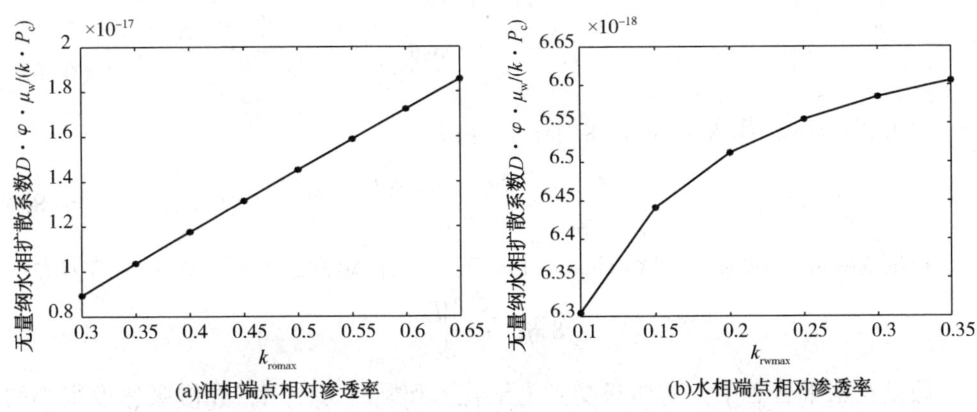

图 6-21　无量纲水相扩散系数与端点相对渗透率关系

（3）束缚水饱和度和残余油饱和度。图 6-22 为无量纲水相扩散系数与束缚水饱和度、残余油饱和度关系。可知，随着束缚水饱和度的增加，水相扩散系数逐渐增加。随着残余油饱和度的增加，水相扩散系数先增加后减小。

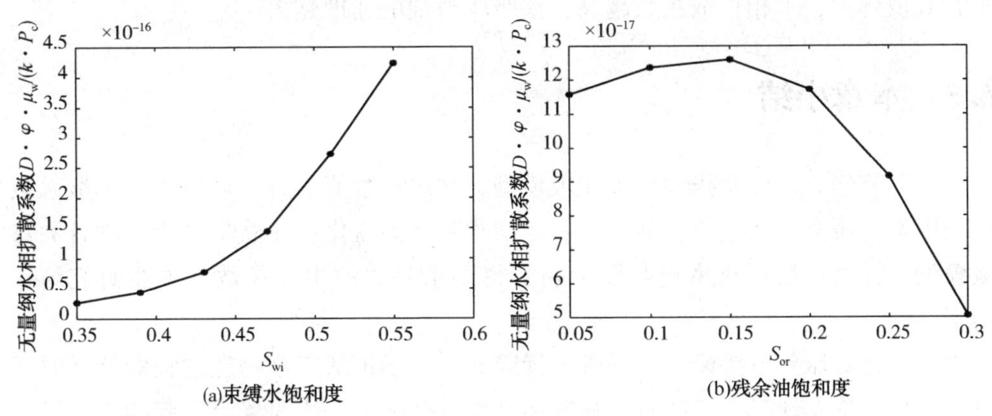

图 6-22　无量纲水相扩散系数与束缚水饱和度、残余油饱和度关系

（4）渗吸长度与速度乘积。为了分析水相扩散系数 D 与比例系数 $kP_{c,entry}/(\varphi\mu_w)$ 的关系，对方程(6-80)进行变形：

$$D(S_w)=\frac{kP_{c,entry}}{\varphi\mu_w}f\left(\frac{\mu_o}{\mu_w},\ k_{rw,max},\ k_{ro,max},\ S_{wi},\ S_{or},\ S_w\right) \tag{6-81}$$

可见，水相扩散系数 D 与 $kP_{c,entry}/(\varphi\mu_w)$ 呈线性关系，$kP_{c,entry}/(\varphi\mu_w)$ 越大，水相扩散系数 D 越大。为了阐明 $kP_{c,entry}/(\varphi\mu_w)$ 的物理意义，应用平直毛管束模型来分析致密岩石的孔隙结构。其中

$$\frac{k}{\varphi}=\frac{r^2}{8}$$

$$P_{c,entry}=\frac{2\sigma\cos\theta}{r} \tag{6-82}$$

将方程(6-82)代入方程(6-81)中，得到

$$\frac{kP_{c,entry}}{\varphi\mu_w}=\frac{2\pi r\cdot\sigma\cos\theta}{8\pi\mu_w} \tag{6-83}$$

根据 Newton 内摩擦定律和 Hagen-Poiseuille 层流定律，毛细管壁面黏滞力为：

$$8\pi\mu_w\cdot l\frac{\mathrm{d}l}{\mathrm{d}t}$$

假设在水平岩心中，液体只受到毛细管力和黏滞力作用，在渗吸速度很小的情况下，忽略流体流速惯性力的影响，则毛细管力与黏滞力近似相等。因此

$$\frac{kP_{c,entry}}{\varphi\mu_w}=l\frac{\mathrm{d}l}{\mathrm{d}t}$$

可见，比例系数的物理含义为渗吸走过的距离与渗吸前缘推进速度的乘积。乘积数值越大，水相扩散系数越高，渗吸驱替油的速度越大。

6.5 本章小结

本章节建立一维非线性毛细渗吸模型，并进行数值求解，分析水相扩散系数影响因素，研究含水饱和度剖面随着空间和时间的变化；建立了三维毛细管力渗吸模型，并对压后返排率进行了分析，得到了相关的主控参数。主要研究结论如下：

(1) 针对压差下渗流、毛细管力渗吸和盐离子扩散三个物理过程的特征时间进行了计算，发现三个特征时间相差两个数量级以上，达西渗流引起的变化可以迅速传递到物体内部各处，毛细管力引起的含水饱和度差扩散作用与其相比十分缓慢，而盐度差引起的离子扩散作用相比前两个过程则更加缓慢，因此可以近似地认为三个物理过程可以解耦分析。

（2）样品三维渗吸初期，吸入水的体积/暴露面积与时间的平方根近似为线性关系。

（3）致密油储层返排率的高低取决于两个主控参数：无量纲渗吸时间和缝宽/缝间距。无量纲的渗吸时间反映了致密储层的渗吸特征，而缝宽/缝间距反映了压裂缝网的形态特征。压裂液的返排率与无量纲渗吸时间呈反比，与缝宽/缝间距呈正比。

第 7 章　致密油储层加压渗吸理论分析

渗吸滤失阶段是衰竭式水驱油过程，且伴随着渗吸作用。取渗吸滤失作用主导的两相渗流区内一个微元(图 7-1)进行分析，可知渗吸滤失过程是在驱替压差和毛管力共同作用下的同向渗吸过程。本章通过开展衰竭式水驱油实验模拟渗吸滤失过程，确定衰竭式水驱油过程中岩心入口压力扩散规律。首先需要确定初始驱替压差，提出以恒压水驱油实验(或理论模型)中驱油效率最大为目标，优化驱替压差。然后，开展衰竭式水驱物理模拟实验，确定岩心入口压力递减规律。

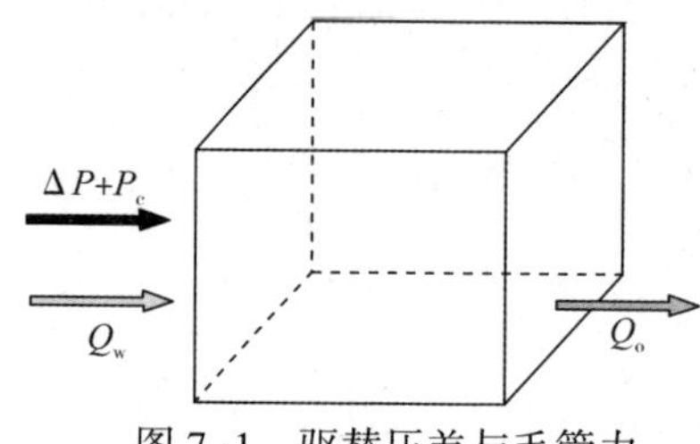

图 7-1　驱替压差与毛管力共同作用下的同向渗吸过程

7.1　恒压水驱油驱替压差优化

7.1.1　恒压水驱油理论模型

1) 模型假设

(1) 致密岩心孔隙由若干根半径不相等，但长度相等，相互平行的毛细管组成，毛管半径大小满足正态分布规律。

(2) 单根毛细管内只存在活塞式驱替，油水交界面即驱替前缘。

(3) 出口压力为大气压，相比于入口压力可忽略。

(4) 束缚水以水膜形式覆着在毛细管壁面上，即考虑边界层厚度影响。

(5) 不考虑温度影响。

2) 模型推导

(1) 单毛细管模型。

假设第 i 根毛细管中水驱油过程如图 7-2 所示，根据 Hagen-Poiseuille 方程建立第 i 根毛细管内压力平衡，可得

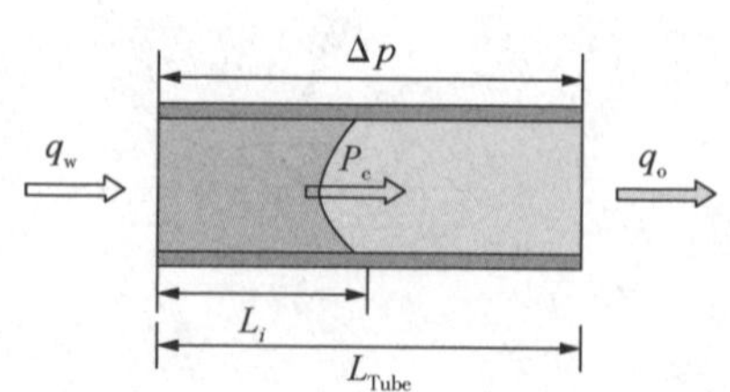

图 7-2　单毛细管模型示意图

$$p_{ci}+\Delta p=q\left[\frac{8\mu_o(L_{Tube}-L_i)}{\pi r_i^4}+\frac{8\mu_w L_i}{\pi r_i^4}\right] \tag{7-1}$$

其中，

$$p_{ci}=\frac{2\sigma\cos\theta}{r_i} \tag{7-2}$$

$$q=q_w=q_o=\pi r_i^2\frac{dL}{dt} \tag{7-3}$$

将式(7-2)和式(7-3)代入式(7-1)，可得

$$[\mu_o(L_{tube}-L_i)+\mu_w L_i]dL_i=\frac{1}{8}\left(\frac{2\sigma\cos\theta}{r_i}+\Delta p\right)r_i^2 dt \tag{7-4}$$

对式(7-4)两边分别积分，可得

$$L_i^2+\frac{2\mu_o L_{tube}}{\mu_w-\mu_o}L_i-\frac{\left(\frac{2\sigma\cos\theta}{r_i}+\Delta p\right)r_i^2 t}{4(\mu_w-\mu_o)}=0 \tag{7-5}$$

求解式(7-5)，可得

$$L_i=-\frac{\mu_o L_{Tube}}{\mu_w-\mu_o}+\frac{\mu_o L_{Tube}}{\mu_w-\mu_o}\sqrt{1+\frac{(\Delta p\cdot r_i^2+2\sigma\cos\theta\cdot r_i)\cdot(\mu_w-\mu_o)}{4\mu_o^2 L_{Tube}^2}t} \tag{7-6}$$

由式(7-6)可以确定单毛细管中驱油效率

$$\begin{aligned}R_i&=\frac{L_i}{L_{Tube}}\times 100\%\\&=\left[-\frac{\mu_o}{\mu_w-\mu_o}+\frac{\mu_o}{\mu_w-\mu_o}\sqrt{1+\frac{(\Delta p\cdot r_i^2+2\sigma\cos\theta\cdot r_i)\cdot(\mu_w-\mu_o)}{4\mu_o^2 L_{Tube}^2}t}\right]\times 100\%\\&=\frac{\mu_o}{\mu_w-\mu_o}\left[\sqrt{1+\frac{(\Delta p\cdot r_i^2+2\sigma\cos\theta\cdot r_i)\cdot(\mu_w-\mu_o)}{4\mu_o^2 L_{Tube}^2}t}-1\right]\times 100\%\end{aligned} \tag{7-7}$$

式中 p_{ci}——毛细管压力，MPa；

Δp——驱替压差，MPa；

L_{Tube}——毛细管长度，μm；

L_i——水相运动距离，μm；

r_i——毛细管半径，μm；

σ——油水两相间界面张力，mN/m；

θ——接触角，(°)；

$q_{w/o}$——水相和油相流量，cm^3/s；

R_i——单毛细管中驱油效,%。

(2) 毛细管束模型。

根据毛细管束由相互独立的平行毛细管组成这一假设，并且毛管半径满足正态分布规律，考虑边界层厚度影响，可以建立以下关系式

$$f(r_i)=\frac{1}{\sqrt{2\pi}\,\sigma_0}\exp\left[-\frac{(r_i-\nu)^2}{2\sigma_0^2}\right] \tag{7-8}$$

$$\delta_i=\delta_0+r_i\cdot\exp[-B\cdot(\nabla P)^{-C}] \tag{7-9}$$

$$A=\frac{\sum_{i=1}^{n}N\cdot f(r_i)\pi r_i^2}{\varphi} \tag{7-10}$$

联立式(7-7)~式(7-10)，得到毛细管束模型中驱油效率

$$\begin{aligned}
R_{\text{Bundles}}&=\frac{\sum_{i=1}^{N}L_i}{NL_{\text{Tube}}}\times100\%\\
&=\frac{\sum_{i=1}^{N}\left\{-\frac{\mu_{\text{o}}L}{\mu_{\text{w}}-\mu_{\text{o}}}+\frac{\mu_{\text{o}}L}{\mu_{\text{w}}-\mu_{\text{o}}}\sqrt{1+\frac{(\Delta p\cdot r_i^2+2\sigma\cos\theta\cdot r_i)\cdot(\mu_{\text{w}}-\mu_{\text{nw}})}{4\mu_{\text{o}}^2L_{\text{Tube}}^2}t}\right\}\cdot N\cdot f(r_i)}{NL_{\text{Tube}}}\times100\%\\
&=\sum_{i=1}^{N}\frac{\mu_{\text{o}}\cdot f(r_i)}{\mu_{\text{w}}-\mu_{\text{o}}}\left[\sqrt{1+\frac{(\Delta p\cdot r_i^2+2\sigma\cos\theta\cdot r_i)\cdot(\mu_{\text{w}}-\mu_{\text{o}})}{4\mu_{\text{o}}^2L_{\text{Tube}}^2}t}-1\right]\times100\%\\
&=\sum_{i=1}^{N}\frac{\mu_{\text{o}}\cdot f(r_i)}{\mu_{\text{w}}-\mu_{\text{o}}}\\
&\left[\sqrt{1+\frac{(\Delta p\cdot(r_i-\delta_0-r_i\cdot\exp(-B\cdot(\nabla P)^{-C})^2+2\sigma\cos\theta\cdot(r_i-\delta_0-r_i\cdot\exp(-B\cdot(\nabla P)^{-C}))\cdot(\mu_{\text{w}}-\mu_{\text{nw}})}{4\mu_{\text{o}}^2L_{\text{Tube}}^2}t}-1\right]\times100\%
\end{aligned} \tag{7-11}$$

式中 $f(r_i)$——毛细管半径概率密度函数；

σ_i——标准差，μm；

r_i——第 i 根毛细管半径，μm；

ν——毛细管半径平均值，μm；

δ_i——边界层厚度，μm；

δ_0——流体边界固化层的厚度，μm；

B、C——与固体壁面和流体性质有关的参数；

N——毛细管数量；

φ——孔隙度，小数；

A——岩心截面积，μm^2；

L——毛细管长度，μm；

R_{Bundles}——毛细管束模型中驱油效率，%。

3）理论模型计算结果

分别设定驱替压差为2.5MPa、5MPa、7.5MPa和10MPa，利用式(7-11)计算得到不同驱替压差下，驱油效率随时间变化关系曲线(图7-3和图7-4)。可以看出：①相同驱替压差下，驱油效率随时间增加先增加，然后逐渐趋于稳定，这是由于在恒定驱替压差下，前缘运动规律满足Washburn方程，即前缘运动距离与$\sqrt{t}$成正比；②最终驱油效率随驱替压差增加呈现先增加，然后逐渐趋于稳定的规律，这主要是由于随驱替压差增加，孔隙壁面上束缚水膜变薄(即边界层厚度减少)，流体流动通道变大。在水驱油过程中，对于水湿岩心，作为驱油动力的毛管力和驱替压差发挥着协同作用，有效地促进了渗吸过程；③最优驱替压差为5MPa。

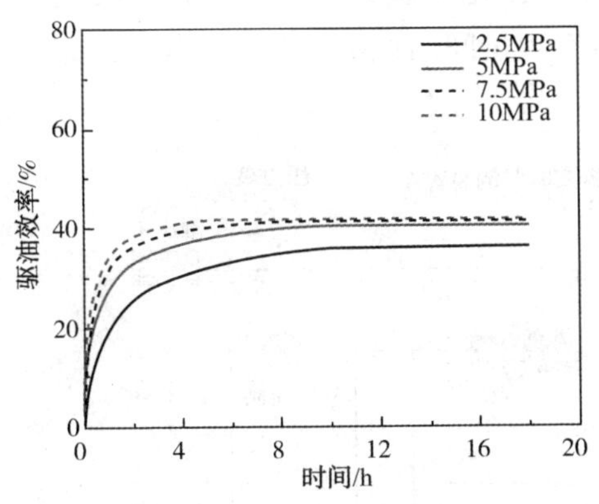

图7-3　不同驱替压差下驱油效率随时间变化规律

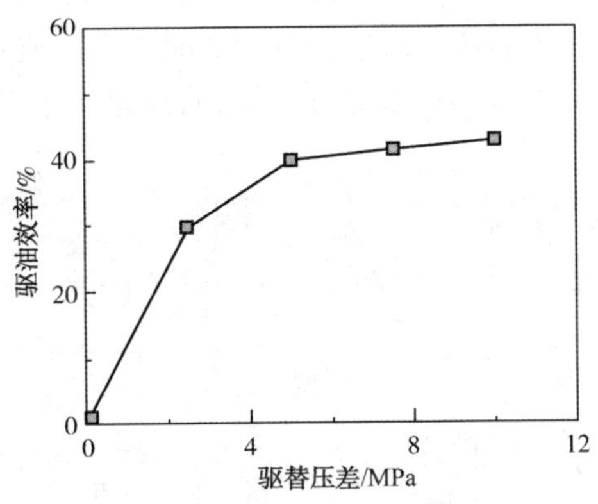

图7-4　恒压水驱油最终驱油效率随驱替压差变化规律

7.1.2　恒压水驱油理论模型验证

为验证理论模型的正确性，选取四块致密岩心样品开展恒压水驱油物理模拟实验，并将实验结果与模型计算结果进行对比分析。

1）实验样品与实验装置

（1）实验样品。

选取物性相近的四块致密砂岩岩心样品(表7-1)，属于石英质长石砂岩，黏土矿物主要由伊利石、绿泥石以及伊/蒙混层三类组成。实验前，岩心样品先进行洗油(溶剂抽提法)、烘干预处理，然后使用抽真空加压饱和装置进行处理，抽真空48h，在20MPa压力下使用航空煤油饱和5d，使用称重法测量其孔隙度。

表 7-1 岩心样品基础物性参数

实验类别	岩心编号	深度/m	直径/cm	长度/cm	气测渗透率/ $10^{-3}\mu m^2$	气测孔隙度/%	饱和油孔隙度/%
恒压驱替	D1	2180.12	2.53	5.41	0.081	8.66	7.51
	D2	2185.60	2.51	5.40	0.043	9.29	8.03
	D3	2206.50	2.53	5.32	0.042	9.54	8.36
	D4	2207.90	2.52	5.53	0.046	12.88	11.28

流体样品包括质量分数 2% KCl 氘水溶液和 3 号航空煤油。

(2) 实验装置。

本实验采用高温高压驱替-低场核磁共振一体化实验装置(图 7-5)，实现对致密岩心连续驱替过程实时监测，避免因扫描测量间断(覆压条件下由于孔隙压缩造成的油水分布差异)对结果产生影响。

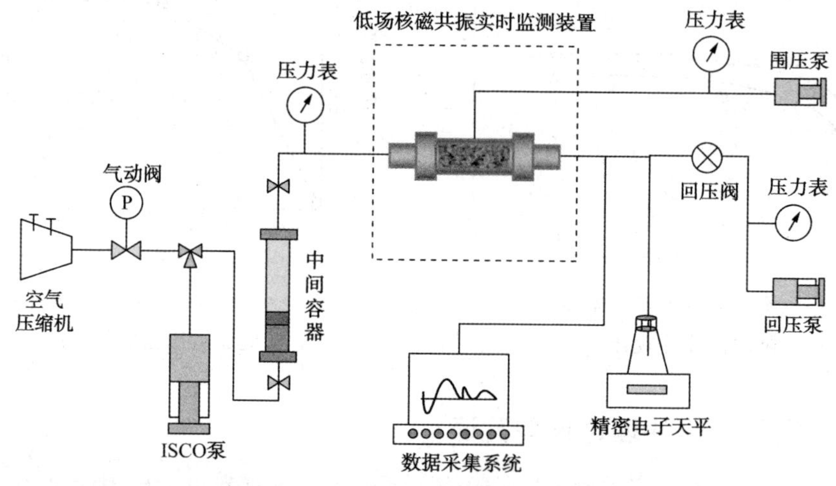

图 7-5 渗吸滤失物理模拟实验装置示意图

高温高压驱替装置由江苏华安机械公司生产，包括恒压恒速驱替泵、围压跟踪泵、气体增压系统、循环加热系统、回压阀以及全氟材质岩心夹持器等组件。驱替压差范围为 0~25MPa，围压范围为 0~30MPa。MesoMR-060H-HTHP-I 低场核磁共振分析仪由纽迈分析仪器股份有限公司生产，硬件基本参数包括：共振频率 21.326MHz，磁体强度 0.48T，线圈直径为 25.4mm，测试环境温度为 18~22℃；测试采用 CPMG(Carr、Purcell、Meiboom 和 Gill)脉冲序列，主要包括：回波时间 TE=300μm，间隔时间 TW=3000ms，回波个数 NECH=8000。

2）实验方法

恒压驱替实验具体操作步骤如下：

(1)饱和油岩心样品置于岩心夹持器中，围压加至2MPa，使用MesoMR-060H-HTHP-I低场核磁共振分析仪测定致密岩心饱和油之后T_2谱。

(2)入口端以恒压模式持续注入质量分数2% KCl氘水溶液，出口压力为大气压，保持四块岩心样品驱替压差分别为2.5MPa、5MPa、7.5MPa和10MPa，保持围压分别为4.5MPa、7.5MPa、9.5MPa和12MPa。

(3)每隔30~60min监测一次低场核磁T_2谱信号，直到测定T_2谱不再变化为止(累积信号幅值减少不超过3%)。

(4) 将测定T_2谱转化为煤油质量[式(2-1)]，计算驱油效率

$$R_{FWI}=\frac{m_0-m_i}{m_0}\times100\% \tag{7-12}$$

式中 R_{FWI}——驱油效率,%；

m_0——实验前岩心样品孔隙内煤油质量，g；

m_i——在第i次测定的岩心样品孔隙内煤油质量，g。

3）实验结果

(1) 驱替前后T_2谱变化规律。

根据驱替前后测定的T_2谱(图7-6)可以确定驱油效率。

可以看出：①随着驱替压差增加，驱油效率达到稳定阶段的时间由12h逐渐减少至7h；②不同驱替压差下，不同尺寸孔隙内油相驱油效率不同，低驱替压差下，T_2大于100ms部分孔隙内驱油效率低，随着驱替压差增加，T_2大于100ms部分孔隙驱油效率逐渐提高。

(2) 驱油效率变化规律。

将驱油效率随驱替压差变化关系曲线与计算结果进行对比(图7-7)。可以看出：①实验结果与理论模型计算结果接近，平均误差为6.76%；②实验结果与理论模型计算结果中，临界驱替压差均为5MPa。

4）结果讨论

(1) 水驱油实验前微-纳米尺度孔隙内油相分布规律。

根据T_2值大小，可以看出油相集中分布在<0.1ms，0.1~10ms，10~100ms以及>100ms这五类孔隙空间中(图7-8)。尤其是纳米孔和微孔/中孔，含油质量分数超过99%。因此，将针对纳米孔和微孔/中孔内水驱油规律进行重点讨论。

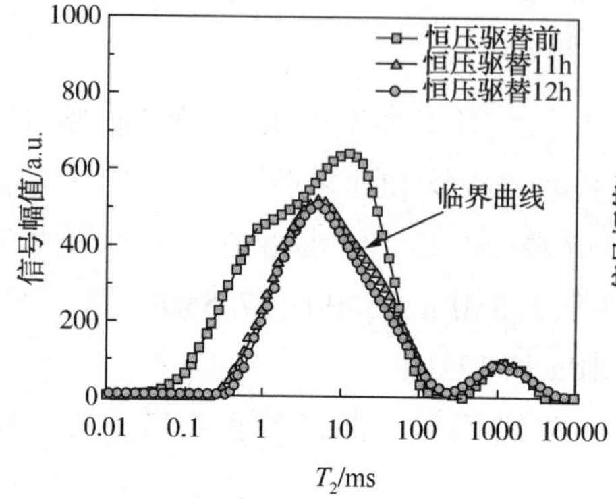

(a)D1 ΔP =2.5MPa

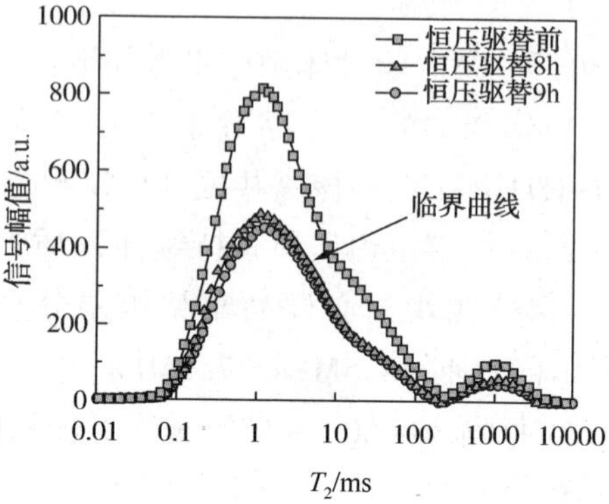

(b)D2 ΔP =5MPa

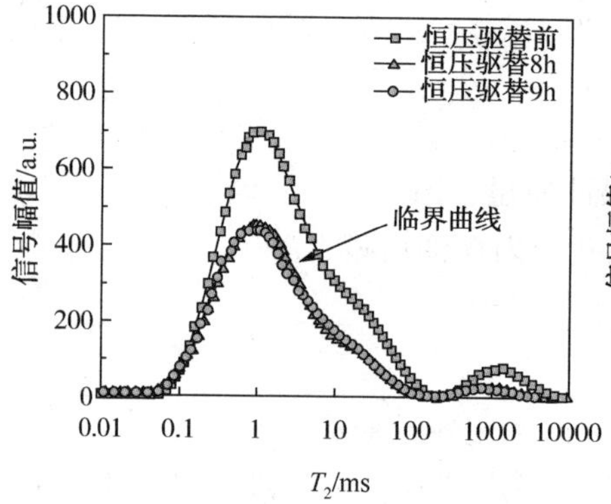

(c)D3 ΔP =7.5MPa

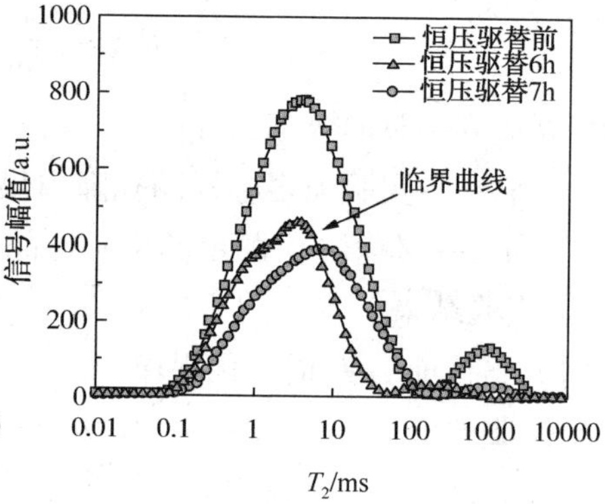

(d)D4 ΔP =10MPa

图 7-6 不同驱替压差下致密岩心样品驱替前后 T_2 谱

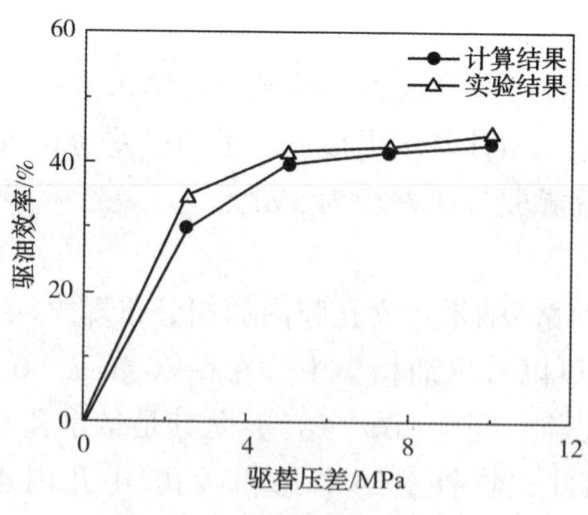

图 7-7 驱油效率结果对比

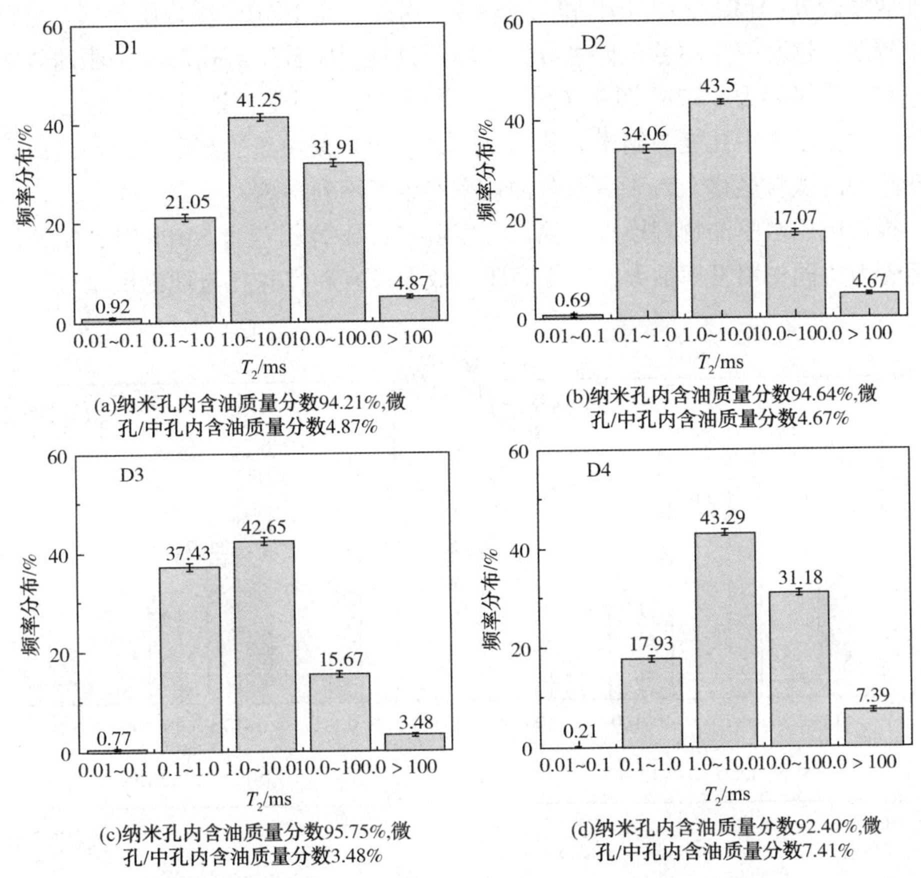

(a)纳米孔内含油质量分数94.21%,微孔/中孔内含油质量分数4.87%

(b)纳米孔内含油质量分数94.64%,微孔/中孔内含油质量分数4.67%

(c)纳米孔内含油质量分数95.75%,微孔/中孔内含油质量分数3.48%

(d)纳米孔内含油质量分数92.40%,微孔/中孔内含油质量分数7.41%

图 7-8 水驱油实验前致密岩心样品孔隙内油相分布比例

(2) 水驱油实验后微-纳米尺度孔隙内水驱油规律。

恒压水驱油实验后，不同尺度孔隙内油相分布比例发生较大变化，对比实验前后纳米孔和微孔/中孔内油相分布比例(图 7-9)，可以看出：①驱替压差较小(ΔP=2. 5MPa)时，纳米微孔内驱油效率(17. 36%)最高，但是微孔/中孔内的油不但没有减少，含油量反而增加 2. 20%，这可能是由于在低驱替压差下，水湿性致密砂岩岩心孔隙中毛管力(驱油动力)发挥了重要作用，部分纳米孔内的油在毛管力作用下从纳米孔先进入微孔/中孔，然后再排出。这一过程与自发/带压渗吸过程类似，均是在毛管力主导下的水驱油过程。②驱替压差适中(ΔP 为 5MPa 或 7. 5MPa)时，纳米孔和微孔/中孔内驱油效率大致相同(分别为 41. 61% 和 42. 51%)，驱替压差和毛管力对于驱油效率的协同效应发挥最大。③驱替压差较大(ΔP=10MPa)时，纳米微孔内驱油效率较低(6. 01%)，纳米大孔和微孔/中孔驱油效率较高(分别为16.70%和5.16%)，因此，在10MPa驱替压差下，毛管力作用较弱，这是一个驱替压差主导的水驱油过程。驱替压差较高时，驱油效率达到稳定阶段时间为6~7h[图7-6(d)]，周期较短，但是，该过程中测定的T_2谱显示，部分纳米中孔变为纳米大孔(T_2变大)，可能是由于驱替压差过高造成了部分孔隙中的微粒运移，对于后期驱油效率产生了不利影响。

根据恒压水驱油物理模拟实验，可以确定，驱替压差为5MPa时，驱替压差和毛管力协同作用发挥最大，对提高驱油效率最有利，并且与理论模型计算结果一致。

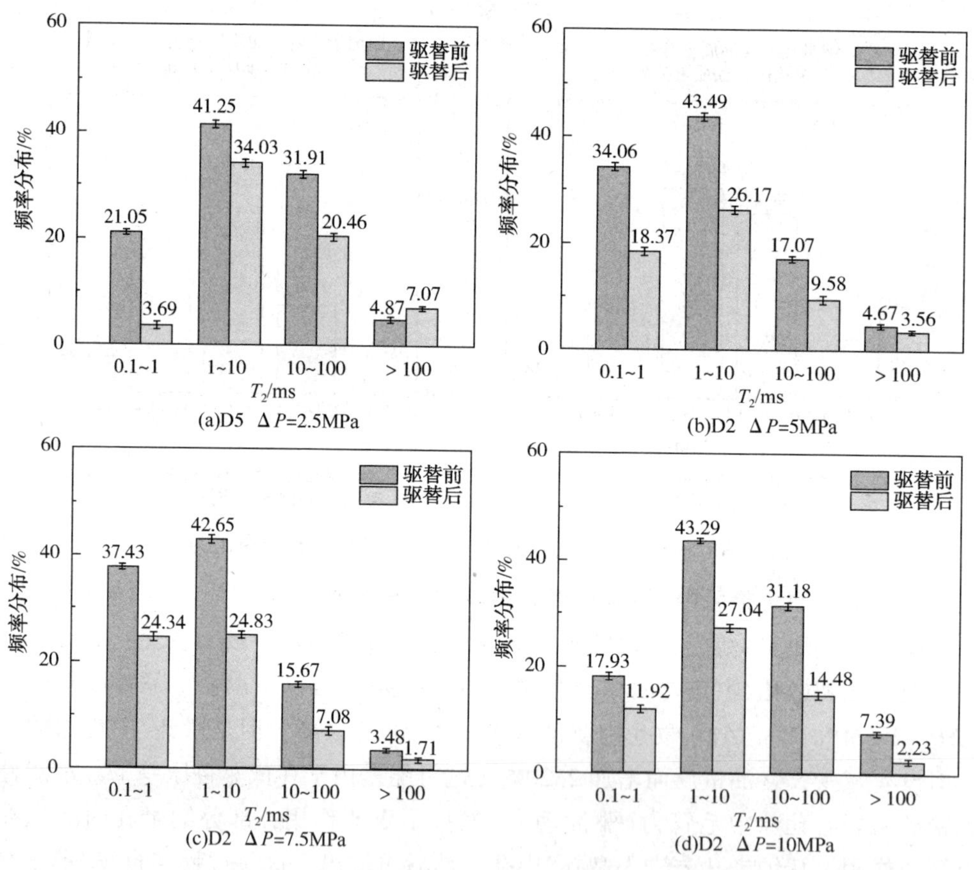

图7-9 衰竭式水驱油实验前后纳米孔和微孔/中孔内油相分布比例

7.2 衰竭式水驱油实验

根据恒压水驱油过程优化的驱替压差(5MPa)，开展衰竭式水驱油物理模拟实验。

7.2.1 实验样品与实验装置

1）实验样品

选取与7.1.2节中恒压衰竭式水驱油实验物性相近的致密砂岩岩心样品。实验前，岩心样品先进行洗油(溶剂抽提法)、烘干预处理，然后使用抽真空加压饱和装置进行处理，抽真空48h，在20MPa压力下使用航空煤油饱和5d，并使用失重法测量其孔隙度，岩心物性参数见表7-2。

表7-2 岩心样品基础物性参数

实验类别	岩心编号	深度/m	直径/cm	长度/cm	气测渗透率/$10^{-3}\mu m^2$	气测孔隙度/%	饱和油孔隙度/%
衰减式水驱油	D5	2210.80	2.53	5.16	0.077	11.54	10.33

流体样品包括质量分数2% KCl 氘水溶液和3号航空煤油。

2）实验装置

本实验采用与7.1.2节中相同的实验装置，即高温高压驱替-低场核磁共振一体化实验装置。

7.2.2 实验方法

衰竭式水驱油物理模拟实验具体操作步骤如下：

(1) 饱和油岩心样品置于岩心夹持器中，围压加至2MPa，使用MesoMR-060H-HTHP-I低场核磁共振分析仪测定致密岩心饱和油之后的T_2谱。

(2) 入口端以恒定流速0.02mL/min持续注入质量分数2% KCl 氘水溶液，进行排空，保证管线内没有空气，直到入口端压力达到5MPa，稳定一段时间，关闭入口端阀门，出口端压力为大气压，围压采用压力跟踪模式，始终高于入口压2MPa。

(3) 实时监测入口端压力。

(4) 每隔30~60min监测一次低场核磁T_2谱信号，直到测定的T_2谱不再变化为止(累积信号幅值减少小于3%)。

(5) 根据式(7-12)计算驱油效率。

7.2.3 实验结果与讨论

入口压力递减曲线(图7-10)可以划分为三个阶段，整个过程持续约50h，按照时间先后顺序可划分为三个区域，分别是快速递减区、过渡区和稳定区：

①第一阶段中，压力传播速度快，入口压力快速递减，持续 12. 5h，入口压力随时间呈指数关系快速递减；②第二阶段中，压力传播速度减慢，入口压力缓慢递减，持续 17. 5h，入口压力随时间呈线性关系，是由快速递减进入稳定传播的过渡阶段；③第三阶段中，压力逐渐趋于稳定，压降速度极慢，持续 20h，入口压力随时间呈线性关系；④不同阶段压力递减曲线的交点处对应时间分别为 12. 5h 和 30h。

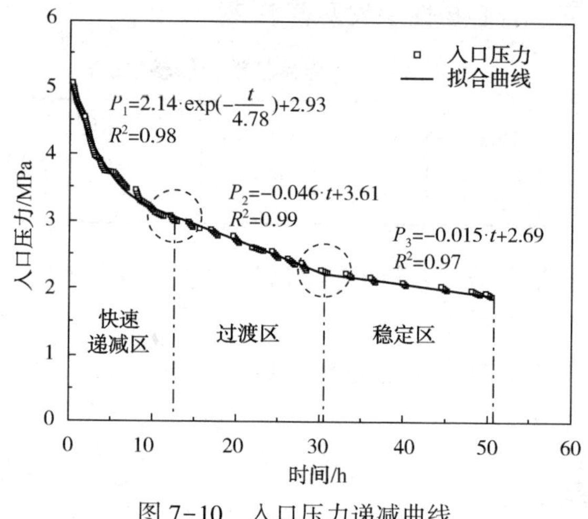

图 7-10　入口压力递减曲线

1）T_2谱变化规律

岩心样品进行实验前测定的 T_2 谱(图 7-11)显示，质量分数为 90. 01%和 9. 99%的油相分别储集在纳米孔和微孔/中孔内，其中，纳米微孔(0. 1ms≤T_2<1ms)、纳米中孔(1ms≤T_2<10ms)和纳米大孔(10ms≤T_2<100ms)中含油质量分数分别为 12. 13%、44. 59%以及 32. 43%。

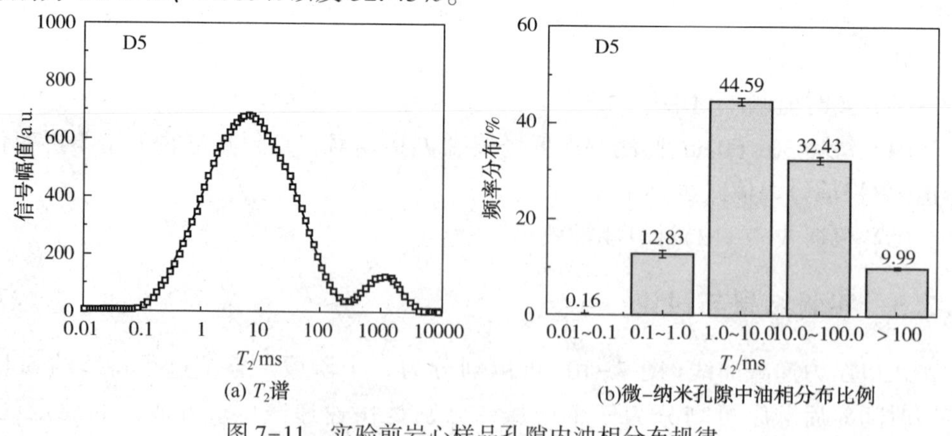

(a) T_2谱　(b)微-纳米孔隙中油相分布比例

图 7-11　实验前岩心样品孔隙内油相分布规律

纳米孔和微孔/中孔是主要储集空间，实验前后测定的 T_2 谱[图 7-12(a)]显示：随着时间增加，纳米微孔和纳米中孔内驱油效率均逐渐增加；而纳米大孔和微孔/中孔内驱油效率先减少后增加，部分相对小孔隙中的油进入相对大孔隙中。造成这一现象是由于：衰竭式水驱油初期，驱替压差主导，较大孔隙(纳米大孔和微孔/中孔)驱油效率较高；随着时间增加，毛管力逐渐占主导，较小孔隙(纳米微孔和纳米中孔)发生了渗吸置换效果显著，并且较小孔隙中的油会先运移至较大孔隙，然后置换出岩心孔隙。

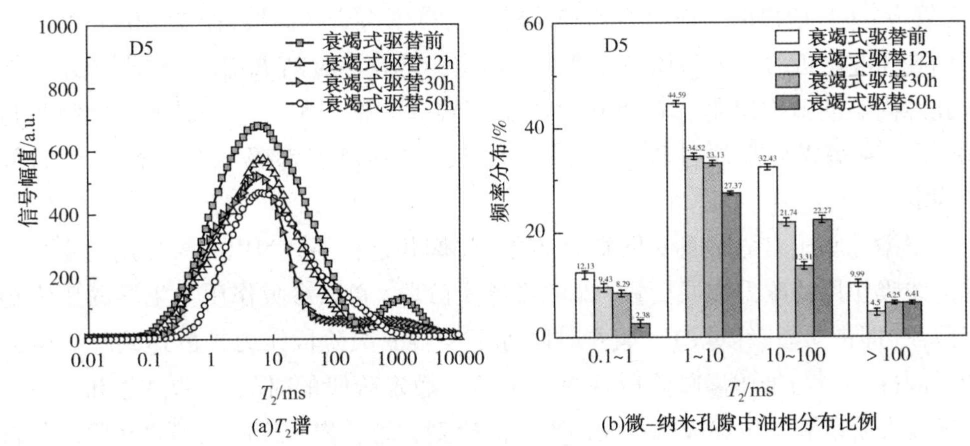

图 7-12 水驱油前后孔隙内油相分布规律

绘制驱油效率随时间变化关系曲线(图 7-13)，结果显示，该曲线与压力递减过程类似，可划分为三个阶段。第一阶段，驱油效率随时间呈幂指数增加，这

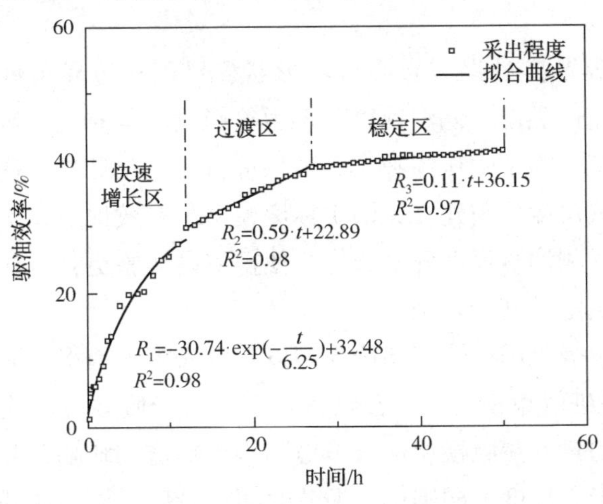

图 7-13 驱油效率随时间变化关系曲线

是由于在驱替压差和毛管力的协同作用下，造成致密岩心样品吸水量迅速增加，驱油效率快速上升；第二阶段，驱油效率上升速率减缓，这是由于驱替压差逐渐减小，对于驱油效率的贡献逐渐转变为毛管力，属于过渡阶段；第三阶段，驱油效率缓慢增加并逐渐趋于稳定，由毛管力主导，渗吸置换过程持续时间较长，驱油效率缓慢增加。

2）岩心尺度渗吸滤失阶段持续时间

渗吸滤失阶段持续时间是指由滤失作用(驱替压差)主导阶段进入渗吸作用(毛管力)主导阶段时对应时间节点，根据入口压力衰减曲线(图 7-10)可知，当时间在 30h 附近时，入口压力逐渐趋于稳定，并且该时刻 T_2谱测试结果显示，较大孔隙内驱油效率降低，较小孔隙内驱油效率大幅增加。结果表明，时间超过 30h 后，衰竭式水驱油过程由毛管力主导，岩心尺度渗吸滤失阶段持续时间约 30h。

根据井底压力随时间变化关系曲线，将焖井过程划分为以滤失作用为主导且伴随渗吸作用的压力递减阶段(即渗吸滤失阶段)和以渗吸作用为主导的压力稳定阶段(即带压渗吸阶段)。焖井时间等于渗吸滤失阶段压力扩散达到稳定阶段的时间(t_1-t_0)与带压渗吸阶段置换效率达到稳定阶段的时间(t_2-t_1)之和。建立渗吸滤失阶段和带压渗吸阶段无因次时间模型，结合岩心尺度衰竭式水驱油与带压渗吸实验结果，提出计算压后焖井时间计算方法。

7.3 带压渗吸无因次时间模型

致密岩心渗吸置换过程与岩心样品形状、尺度、边界条件、孔隙度、渗透率、孔隙结构、流体黏度、润湿性以及重力等影响因素有关。因此，考虑到影响渗吸作用参数较多，为了带压渗吸实验结果进行归一化处理，便于将岩心尺度实验结果应用到油藏尺度，需建立无因次标度模型，有效地对比不同岩心之间渗吸置换效率，间接预测油藏尺度开发指标，使得室内实验更具有应用价值，也为计算压后焖井时间奠定了理论基础。

首先，带压渗吸无因次时间理论模型以自发渗吸无因次时间模型为基础，通过引入 Leverett 毛细管束模型，结合致密岩心气体滑脱效应和应力敏感特征而构建，改善了现有的自发渗吸模型中未考虑围压影响这一缺陷；其次，开展带压渗吸实验得到室内岩心尺度不同围压下焖井时间；最后，提出焖井过程中带压渗吸阶段持续时间计算方法。

其中，带压渗吸理论模型特征主要体现在利用毛细管束模型将孔隙度和渗透率转化为平均孔隙半径，气体滑脱效应和应力敏感特征主要体现在致密岩心平均孔隙半径与净压力函数关系，带压渗吸实验特征主要体现在建立不同围压下渗吸置换效率随时间变化规律。将带压渗吸实验结果应用到油藏尺度的方法，可操作性强，为优化致密油藏大规模体积压裂后合理的焖井时间提供了理论依据。

7.3.1 理论模型

将 Leverett 毛细管束模型引入 Mason 自发渗吸无因次时间模型结合，将孔隙度和渗透率转为与孔隙半径相关的函数，结合孔隙半径随净压力变化规律，构建考虑净压力影响的带压渗吸无因次时间模型。

毛细管束模型和自发渗吸无因次时间模型如下：

$$r=\sqrt{\frac{8k_{\mathrm{a}}}{\varphi}} \tag{7-13}$$

$$t_{\mathrm{D}}=t\sqrt{\frac{k_{\mathrm{a}}}{\varphi}}\cdot\frac{2\sigma}{\mu_{\mathrm{w}}(1+\sqrt{\mu_{\mathrm{o}}/\mu_{\mathrm{w}}})}\cdot\frac{1}{L_{\mathrm{C}}^{2}} \tag{7-14}$$

式中 t_{D}——无因次时间，小数；

t——渗吸时间，s；

k——气测渗透率，$10^{-3}\mu\mathrm{m}^2$；

φ——岩心孔隙度，小数；

μ_{w}——润湿性黏度，mPa·s；

μ_{o}——非润湿性黏度，mPa·s；

L_{C}——特征长度，cm。

特征长度 L_{C} 与岩心尺度和边界条件有关，按照下式计算

$$L_{\mathrm{C}}=\sqrt{V_{\mathrm{b}}/\sum_{i=1}^{n}\frac{A_i}{l_{\mathrm{A}i}}} \tag{7-15}$$

式中 V_{b}——岩心基质体积，cm^3；

A_i——第 i 方向上渗吸接触面的面积，cm^2；

$L_{\mathrm{A}i}$——渗吸前缘沿开启面到封闭边界距离，cm。

致密岩心中普遍发育微-纳米级孔隙，孔隙半径与净压力大小密切相关，可由下式表达：

$$r=r(p) \tag{7-16}$$

联立方程(7-13)~方程(7-16)，得到带压渗吸无因次时间模型

$$t'_D = C \cdot r(P) \cdot \frac{1}{L_C^2} \cdot t \tag{7-17}$$

其中，

$$C = \frac{\sqrt{2}\sigma}{2\mu_w(1+\sqrt{\mu_o/\mu_w})} \tag{7-18}$$

7.3.2 致密岩心孔隙半径随净压力变化规律

由式(7-16)可知，为了确定考虑围压影响的带压渗吸无因次时间模型，关键在于确定孔隙半径随净压力变化规律。本节通过测定致密岩心样品在不同净压力下气测渗透率，根据 Klingkenberg 实验方法，确定致密岩心样品孔隙半径随净压力变化规律。

1）实验样品与实验装置

（1）实验样品与实验装置。

四块岩心样品(表 7-3)用于评价致密岩心应力敏感特征，使用脉冲衰减法测定不同净压力(2.5MPa、5MPa、10MPa 以及 15MPa)下气体渗透率，测试气体使用氮气。

表 7-3　岩心样品基础物性参数

实验类别	岩心编号	深度/m	直径/cm	长度/cm	气测渗透率/$10^{-3}\mu m^2$	气测孔隙度/%
脉冲衰减法测定气体渗透率	C1	2179.20	2.51	3.24	0.026	10.25
	C2	2180.50	2.52	3.21	0.015	7.57
	C3	2180.80	2.52	3.27	0.037	10.67
	C4	2180.70	2.53	3.51	0.014	7.36

（2）实验装置。

PDP-200 型脉冲衰减气体渗透率测量仪(图 7-14)，主要技术参数包括：注入介质为氮气，岩样直径为 1in 和 1½in，岩样长度为¾～3in，围压最高为 10000psi，渗透率测量范围为(0.00001～10)×$10^{-3}\mu m^2$，压力传感器精度为满量程的 0.1%。

2）实验方法

（1）脉冲衰减法测定气测渗透率。

脉冲衰减法气测渗透率按以下公式计算

$$k_a = \frac{\alpha\mu_g L c_g}{A\left(\frac{1}{V_u}+\frac{1}{V_d}\right)} \tag{7-19}$$

式中　k_a——气测渗透率，$10^{-3}\mu m^2$；

α——压力衰减半对数曲线斜率，mPa/s；

μ_g——气体黏度，mPa·s；

c_g——气体压缩系数，MPa^{-1}；

L——岩心样品长度，cm；

A——岩心样品截面积，cm^2；

$V_{u/d}$——上游和下游腔体体积，mL。

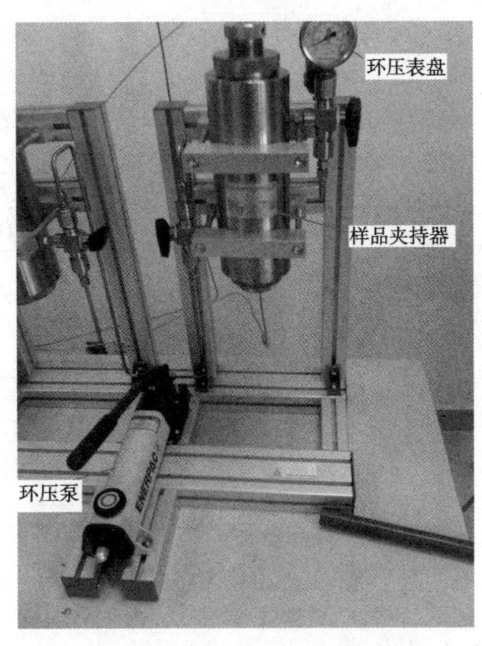

图 7-14　PDP-200 脉冲衰减测试仪

（2）气体滑脱因子与有效孔隙半径。

按照 Klingkenberg 实验步骤，绘制气测渗透率和平均压力倒数关系曲线，根据拟合曲线的斜率和截距确定克氏渗透率和气体滑脱因子，计算相应平均孔隙半径，并绘制孔隙半径随净压力变化关系曲线，拟合孔隙半径随净压力变化函数关系式，气体滑脱因子按照以下公式进行计算

$$k_a = k_\infty\left(1+\frac{b}{P_p}\right) \tag{7-20}$$

$$b = \frac{4c\lambda P_p}{r} \tag{7-21}$$

$$\lambda = \frac{\mu}{P_p}\sqrt{\frac{RT\pi}{2M}} \tag{7-22}$$

式中　k_∞——克氏渗透率，$10^{-3}\mu m^2$；

P_p——进出口压力平均值，MPa；

b——气体滑脱因子，MPa；

λ——气体分子平均自由程，μm；

c——近似于 1 的比例常数；

r——平均孔隙半径，μm；

R_g——气体常数，J/(K·mol)；

T——绝对温度，单位为 K；

M——气体分子摩尔质量，mol^{-1}。

3）实验结果

（1）气测渗透率。

通过注入氮气测定四块致密岩心样品渗透率，结果见表 7-4。

表 7-4　脉冲衰减法气测渗透率结果

岩心编号	净压力/MPa	入口压力/MPa	出口压力/MPa	围压/MPa	气测渗透率/$10^{-3}\mu m^2$
C1	2.5	0.73	0.62	3.21	0.024
		0.88	0.70	3.38	0.023
		1.04	0.87	3.55	0.022
		1.22	1.04	3.72	0.020
	5	0.72	0.59	5.69	0.015
		0.87	0.69	5.86	0.014
		1.03	0.87	6.03	0.013
		1.20	1.04	6.21	0.012
	7.5	0.74	0.56	10.69	0.0061
		0.87	0.82	10.86	0.0057
		1.05	0.87	11.03	0.0050
		1.22	1.05	11.21	0.0042
	10	0.70	0.62	15.69	0.0028
		0.83	0.74	15.86	0.0024
		1.05	0.96	16.03	0.0023
		1.22	1.13	16.21	0.0019
C2	2.5	0.69	0.64	3.21	0.018
		0.86	0.80	3.38	0.016
		1.04	0.99	3.55	0.015
		1.20	1.12	3.72	0.015
	5	0.71	0.68	5.69	0.017
		0.87	0.80	5.86	0.016
		1.04	0.95	6.03	0.015
		1.22	1.12	6.20	0.013
	7.5	0.73	0.55	10.69	0.0052
		0.88	0.69	10.86	0.0046
		1.04	0.87	11.03	0.0041
		1.22	1.05	11.21	0.0035

续表

岩心编号	净压力/MPa	入口压力/MPa	出口压力/MPa	围压/MPa	气测渗透率/$10^{-3}\mu m^2$
C2	10	0. 72	0. 52	15. 69	0. 0025
		0. 87	0. 64	15. 86	0. 0020
		1. 05	0. 82	16. 03	0. 0019
		1. 22	0. 99	16. 21	0. 0016
C3	2. 5	0. 72	0. 61	3. 21	0. 028
		0. 85	0. 69	3. 38	0. 027
		1. 03	0. 87	3. 55	0. 026
		1. 21	1. 04	3. 72	0. 024
	5	0. 72	0. 57	5. 69	0. 012
		0. 86	0. 72	5. 86	0. 011
		1. 05	0. 88	6. 03	0. 0092
		1. 21	1. 06	6. 21	0. 0088
	7. 5	0. 75	0. 58	10. 69	0. 0081
		0. 884	0. 70	10. 86	0. 0070
		1. 086	0. 88	11. 03	0. 0063
		1. 22	1. 04	11. 20	0. 0055
	10	0. 72	0. 53	15. 68	0. 0046
		0. 87	0. 64	15. 86	0. 0041
		1. 05	0. 86	16. 03	0. 0038
		1. 21	1. 03	16. 20	0. 0028
C4	2. 5	0. 71	0. 53	3. 21	0. 017
		0. 87	0. 68	3. 38	0. 016
		1. 05	0. 86	3. 55	0. 015
		1. 21	1. 04	3. 72	0. 013
	5	0. 72	0. 52	5. 69	0. 012
		0. 88	0. 68	5. 86	0. 011
		1. 05	0. 84	6. 03	0. 0092
		1. 22	1. 01	6. 21	0. 0091
	7. 5	0. 74	0. 54	10. 69	0. 0076
		0. 87	0. 66	10. 86	0. 0059
		1. 05	0. 852	11. 03	0. 0043
		1. 22	1. 022	11. 21	0. 0026
	10	0. 76	0. 57	15. 69	0. 0047
		0. 88	0. 64	15. 86	0. 0036
		1. 06	0. 87	16. 03	0. 0031
		1. 22	1. 03	16. 21	0. 0022

(2) 气测克氏渗透率、气体滑脱因子及有效孔隙半径。

按照表 7-4 计算结果，绘制气测渗透率和平均压力倒数关系曲线(图 7-15)，根据拟合曲线的斜率和截距确定克氏渗透率和气体滑脱因子，并计算得到相应平均孔隙半径(表 7-5)。

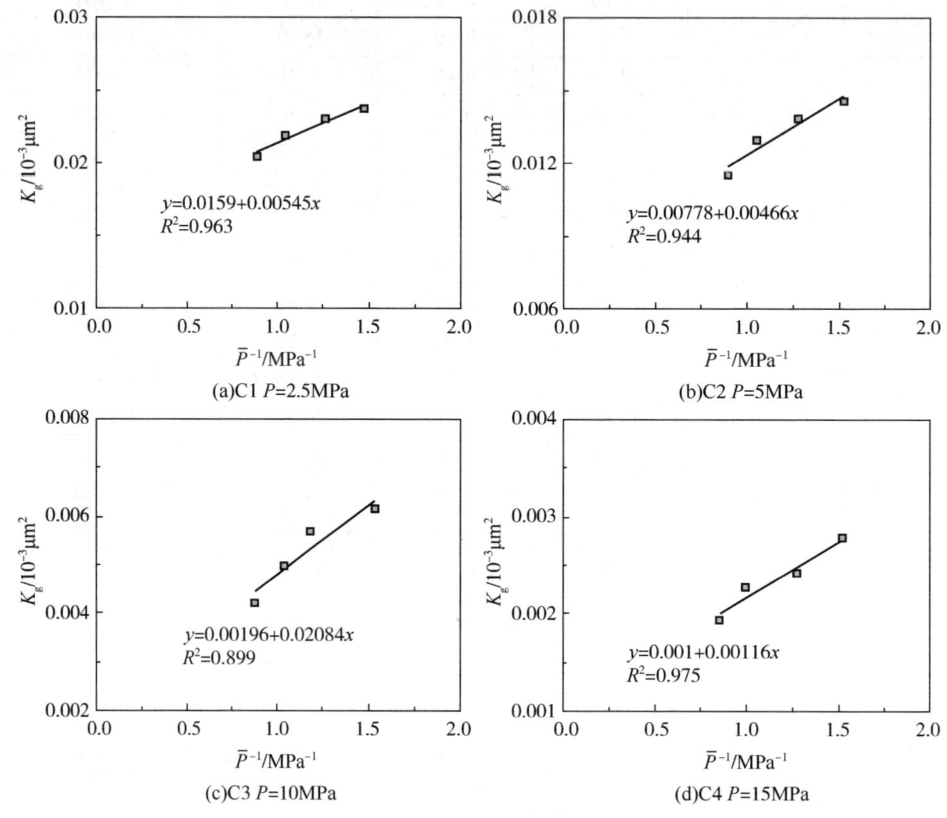

(a)C1 P=2.5MPa　(b)C2 P=5MPa

(c)C3 P=10MPa　(d)C4 P=15MPa

图 7-15　脉冲衰减法确定气测克式渗透率

表 7-5　气体滑脱因子与有效孔隙半径测试结果

岩心编号	净压力/MPa	克氏渗透率/$10^{-3}\mu m^2$	气体滑脱因子/MPa	有效孔隙半径/μm
C1	2.5	0.0160	0.34	0.53
	5	0.0078	0.59	0.31
	10	0.0020	1.42	0.13
	15	0.0010	3.22	0.06
C2	2.5	0.0095	0.60	0.30
	5	0.0081	0.80	0.23
	10	0.0016	1.45	0.13
	15	0.0006	1.81	0.10

续表

岩心编号	净压力/MPa	克氏渗透率/$10^{-3}\mu m^2$	气体滑脱因子/MPa	有效孔隙半径/μm
C3	2.5	0.0180	0.38	0.48
	5	0.0041	1.29	0.14
	10	0.0021	1.90	0.10
	15	0.0011	2.02	0.09
C4	2.5	0.0092	0.56	0.33
	5	0.0042	1.23	0.15
	10	0.0036	1.99	0.09
	15	0.0011	4.35	0.05

4）结果讨论

根据有效孔隙半径计算结果，拟合得到孔隙半径随净压力变化关系曲线(图7-16)。可以看出，孔隙半径随净压力增加逐渐降低，可细分为两个阶段，每个阶段曲线斜率差异显著：①当净压力小于5MPa时，孔隙半径快速下降；②当净压力大于5MPa时，净压力缓慢降低并逐渐趋于稳定。

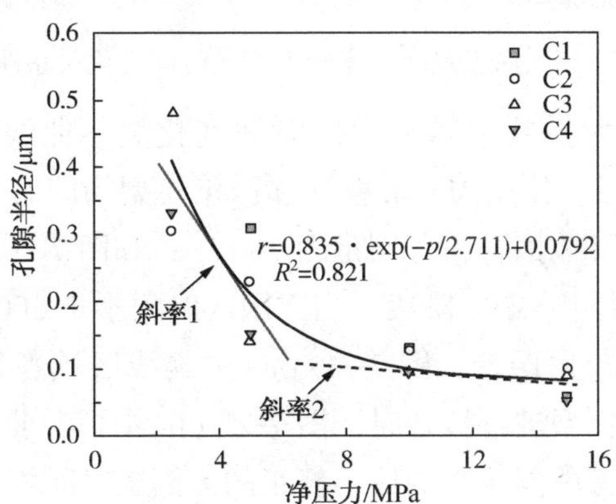

图7-16 有效孔隙半径随净压力变化关系曲线

有效孔隙半径随净压力变化关系曲线可由以下公式表达：

$$r=0.835\cdot\exp(-P/2.711)+0.0792 \tag{7-23}$$

式中 r——有效孔隙半径，μm；

P——净压力，MPa。

7.3.3 带压渗吸置换效率随无因次时间变化规律

本节选取应用广泛的Mason模型进行对比，理论模型与致密岩心有效孔隙半径随净压力变化关系[式(7-22)]及带压渗吸实验结果结合，可以得到致密岩心样品带压渗吸置换效率随无因次时间变化规律。

1）不同围压下带压渗吸置换效率

分别使用未考虑围压影响的 Mason 无因次时间模型和考虑围压影响的修正模型，得到不同围压下所有面开启、完全饱和油的致密岩心样品渗吸置换效率随无因次时间变化关系曲线(图 7-17)。

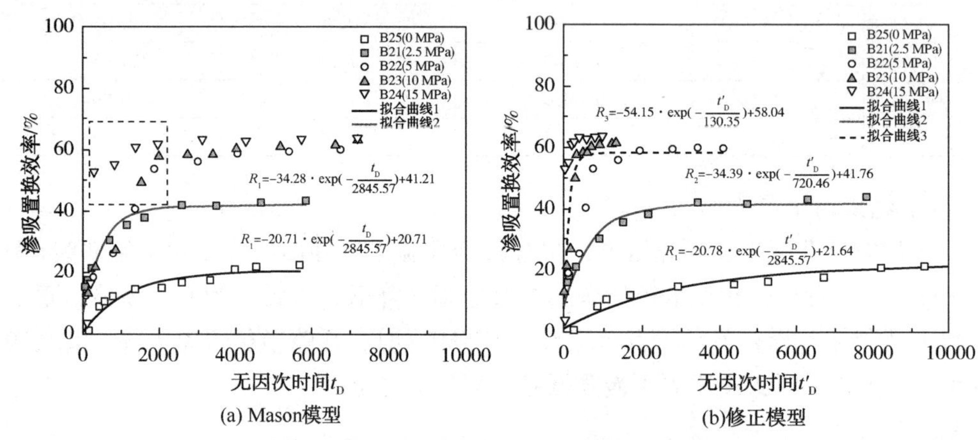

图 7-17 渗吸置换效率随无因次时间变化关系曲线

可以看出，渗吸置换效率随无因次时间变化关系曲线可划分为两个阶段：①围压小于 5MPa 阶段，使用 Mason 模型和修正模型均能有效地将渗吸置换效率与无因次时间进行较好地拟合，分别是图 7-17(a)和图 7-17(b)中拟合曲线 1 和拟合曲线 2；②围压大于 5MPa 阶段，当无因次时间小于 2000 时，使用 Mason 模型进行拟合则会产生较大误差，图 7-17(a)中虚线区域各数据点发散，难以拟合。然而，使用修正模型进行拟合时，图 7-17(b)中拟合曲线 3 能较好地将数据点拟合成功。因此，考虑围压影响后，修正的无因次时间模型是行之有效的。

2）不同边界条件下带压渗吸置换效率

带压渗吸多种影响因素中，以边界条件最具代表性，通过将岩心部分表面封闭(或部分开启)后使其与水接触，开展带压渗吸物理模拟，基质块在多样化的边界条件下得到的实验结果逐渐与复杂油藏条件下渗吸规律建立对应关系。结合不同边界条件带压渗吸实验结果，分别应用 Mason 模型和修正模型，绘制不同边界条件下带压渗吸置换效率与无时间关系曲线(图 7-18)。

可以看出，使用 Mason 自发渗吸模型时，渗吸初期，不同边界条件下实验结果难以拟合[图 7-18(a)]，数据点发散；使用修正模型时，渗吸初期，不同边界下实验结果拟合效果较好。理论上，对于完全饱和油岩心样品，在无限大时间

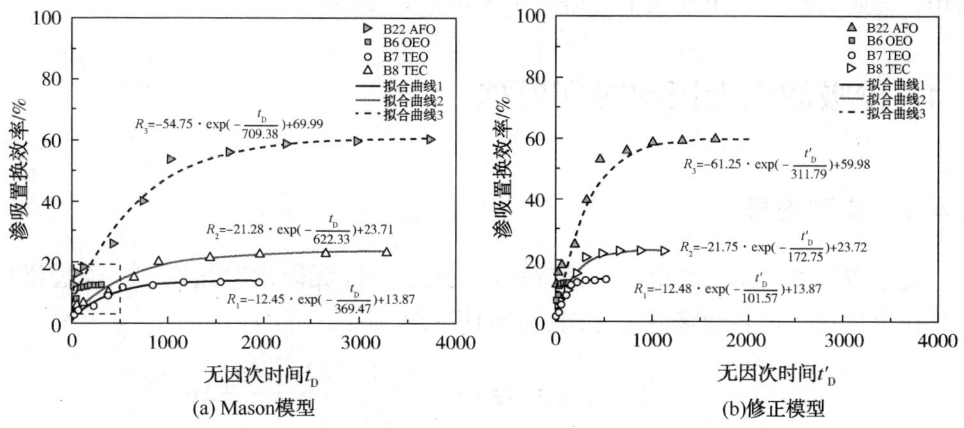

图 7-18　不同边界条件下带压渗吸置换效率随无因次时间变化关系曲线

内，不同边界条件渗吸置换效率均能达到一致(100%)，但在实验条件下(时间为25d)，不同边界条件下，当渗吸时间超过25d后，渗吸置换效率增长幅度很慢，因此，不同边界条件下渗吸置换效率呈现出高低不同的平稳阶段。因此，实验结果进一步验证了修正模型的可靠性。

7.3.4　带压渗吸阶段时间计算

根据修正带压渗吸无因次时间模型，结合致密岩心有效孔隙半径随净压力变化规律，以及岩心尺度致密岩心带压渗吸实验结果，建立带压渗吸阶段油藏尺度焖井时间计算公式。

首先，根据岩心尺度和油藏尺度无因次时间相等原则，可以得到式(7-24)

$$t'_D=\left[C\cdot r(P)\cdot\frac{1}{L_C^2}\cdot t\right]_{lab}=\left[C\cdot r(P)\cdot\frac{1}{L_C^2}\cdot t\right]_{field}\tag{7-24}$$

化简后，得到油藏尺度带压渗吸阶段持续时间计算公式(7-25)

$$(t_{shut-in})_{field}=\frac{C_{lab}}{C_{field}}\cdot\frac{r_{lab}}{r_{field}}\cdot\frac{(L_C)_{field}^2}{(L_C)_{lab}^2}\cdot(t_{shut-in})_{lab}\tag{7-25}$$

式中，$(C)_{lab/field}$分别为室内实验和油藏条件下特征系数，根据流体样品参数(油水界面张力和黏度)并结合式(7-18)计算；$(L_C)_{lab/field}$分别为室内实验和油藏条件下的特征长度，根据室内实验岩心边界条件和油藏尺度基质块边界条件，按照式(7-15)计算；$(r)_{lab/field}$分别为室内实验和油藏条件下的孔隙半径，根据室内岩心实验条件下净压力(围压与进出口压力平均值的差值)与油藏条件下净压力(上覆岩层压力与孔隙压力差值)，并结合式(7-23)计算；$(t_{shut-in})_{lab}$表示带压渗吸实验中，渗吸置换效率由快速上升阶段进入稳定阶段的时间点。

7.4 渗吸滤失无因次时间模型

7.4.1 模型推导

对于渗吸滤失阶段，借鉴李帅等提出的改进 Ma 无因次时间模型，通过添加驱替压差项后，得到渗吸滤失无因次时间模型。

$$t_{\mathrm{D}}=t\cdot\frac{k_a}{\varphi}\cdot\frac{1}{L_{\mathrm{C}}^2}\cdot(p_{\mathrm{c}}+\Delta p)=t\cdot\frac{k_{\mathrm{a}}}{\varphi}\cdot\frac{1}{L_{\mathrm{C}}^2}\cdot\left(\frac{2\sigma\cos\theta}{r}+\Delta p\right) \tag{7-26}$$

式中 t_{D}——无因次时间，小数；

t——渗吸时间，s；

k——气测渗透率，$10^{-3}\mu\mathrm{m}^2$；

φ——岩心孔隙度，小数；

μ_{w}——润湿性黏度，mPa·s；

μ_{o}——非润湿性黏度，mPa·s；

L_{C}——特征长度，cm；

Δp——驱替压差，等于入口压力与出口压力之差，MPa。

联立式(7-13)和式(7-25)，可以得到

$$t_{\mathrm{D}}=t\cdot\frac{r^2}{8}\cdot\frac{1}{L_{\mathrm{C}}^2}\cdot\left(\frac{2\sigma\cos\theta}{r}+\Delta p\right) \tag{7-27}$$

式中，孔隙半径 r 是与净压力 p 相关的函数，可用式(7-28)表达

$$r=r(p) \tag{7-28}$$

根据致密岩心样品衰减式渗吸滤失物理模拟实验结果可知，入口压力是与渗吸滤失时间相关的分段函数(分别是幂指数函数和线性函数)，可以将 Δp 进一步改写成下式：

$$\Delta p=p_{\mathrm{initial}}-p_{\mathrm{inlet}}(t)=\Delta p(t) \tag{7-29}$$

式中 p_{initial}——初始时刻入口压力，MPa；

$p_{\mathrm{inlet}}(t)$——t 时刻入口压力，MPa。

联立式(7-25)~式(7-27)，可以得到渗吸滤失阶段无因次时间模型

$$t_{\mathrm{D}}=t\cdot\frac{r(p)^2}{8}\cdot\frac{1}{L_{\mathrm{C}}^2}\cdot\left[\frac{2\sigma\cos\theta}{r(p)}+\Delta p(t)\right] \tag{7-30}$$

7.4.2 渗吸滤失阶段时间计算

根据渗吸滤失无因次时间模型[式(7-30)]，结合致密岩心有效孔隙半径随净压力变化函数[式(7-31)]，以及岩心尺度致密岩心衰竭式渗吸实验结果，建立渗吸滤失阶段油藏尺度焖井时间计算公式。

首先，根据岩心尺度和油藏尺度无因次时间相等原则，可以得到式(7-31)

$$t_{\mathrm{D}}=\left\{t\cdot\frac{[r(p)]^2}{8}\cdot\frac{1}{L_{\mathrm{C}}^2}\cdot\left[\frac{2\sigma\cos\theta}{r(p)}+\Delta p(t)\right]\right\}_{\mathrm{lab}}$$

$$=\left\{t\cdot\frac{[r(p)]^2}{8}\cdot\frac{1}{L_{\mathrm{C}}^2}\cdot\left[\frac{2\sigma\cos\theta}{r(p)}+\Delta p(t)\right]\right\}_{\mathrm{field}} \tag{7-31}$$

化简后，得到渗吸滤失阶段油藏尺度焖井时间计算公式

$$(t_{\mathrm{shut-in}})_{\mathrm{field}}=\frac{[r(p)]_{\mathrm{lab}}^2}{[r(p)]_{\mathrm{lab}}^2}\cdot\frac{(L_{\mathrm{C}})_{\mathrm{field}}^2}{(L_{\mathrm{C}})_{\mathrm{lab}}^2}\cdot\frac{\left[\frac{2\sigma\cos\theta}{r(p)}+\Delta p(t)\right]_{\mathrm{lab}}}{\left[\frac{2\sigma\cos\theta}{r(p)}+\Delta p(t)\right]_{\mathrm{field}}} \tag{7-32}$$

式中，$[r(p)]_{\mathrm{lab/field}}$分别为室内实验和油藏条件下的孔隙半径，根据室内岩心实验条件下净压力(围压与进出口压力平均值的差值)与油藏条件下净压力(上覆岩层压力与孔隙压力差值)，并结合式(7-23)计算；$(L_{\mathrm{C}})_{\mathrm{lab/field}}$分别为室内实验和油藏条件下的特征长度，根据室内实验岩心边界条件和油藏尺度基质块边界条件，按照式(7-15)计算；$\sigma_{\mathrm{lab/field}}$，$\theta_{\mathrm{lab/filed}}$室内实验和油藏条件下油水界面张力和润湿角；$[\Delta p(t)]_{\mathrm{lab}}$为室内实验条件下岩心衰竭式水驱油实验中，初始时刻入口压力与压力稳定阶段压力的差值；$[\Delta p(t)]_{\mathrm{field}}$为油藏条件下井底压力与带压渗吸阶段初始压力的差值。

由于$[\Delta p(t)]_{\mathrm{field}}$在油藏条件下需要较长时间才能确定，通过实测井底压力确定该参数难以实现，根据岩心尺度与油藏尺度压力递减规律相似准则，可以预测滤失渗吸阶段结束时刻井底压力，步骤如下：

(1) 假设井底压力随时间变化满足以下表达式：

$$p_{\mathrm{wellbore}}=a+b\cdot\mathrm{e}^{ct} \tag{7-33}$$

式中 p_{wellbore}——井口压力；

a、b 和 c——常系数；

t——渗吸滤失阶段时间。

(2) 求解岩心尺度压力导数随时间变化关系曲线，确定焖井结束时刻的压力导数 A_0；

（3）根据油藏尺度和岩心尺度在滤失渗吸阶段结束时刻压力导数相等原则，得到以下表达式：

$$\frac{\mathrm{d}p_{\mathrm{wellbore}}}{\mathrm{d}t}=bc\cdot \mathrm{e}^{ct}=A_0 \tag{7-34}$$

（4）根据停泵时刻监测到的井底压力与某一时刻 t_1 监测到的井底压力，可以建立以下表达式：

$$(p_{\mathrm{wellbore}})_{t=0}=a \tag{7-35}$$

$$(p_{\mathrm{wellbore}})_{t=t_1}=a+b\cdot \mathrm{e}^{ct_1} \tag{7-36}$$

（5）联立方程（7-34）～方程（7-36），求解常系数 a、b 和 c，结合式（7-19），最终可以确定油藏条件下渗吸滤失阶段持续时间。

7.5 本章小结

本章通过开展衰竭式水驱油实验模拟渗吸滤失过程，以确定衰竭式水驱油过程中岩心入口压力扩散规律为目标。首先，提出以恒压水驱油实验（或理论模型）中驱油效率最大为目标，优化驱替压差。然后，开展衰竭式水驱物理模拟实验，确定岩心入口压力递减规律。取得以下主要认识：

（1）基于单毛细管模型建立的恒压水驱油理论模型，假设毛管半径满足正态分布规律，并考虑边界层厚度影响，优选驱替压差为 5MPa。

（2）恒压水驱油物理模拟实验中，驱替压差为 5MPa 时，驱替压差和毛管力协同作用发挥最大，对提高驱油效率最有利，并且与理论模型计算结果一致。

（3）根据入口压力随时间变化关系曲线，可将压力递减过程划分为三个阶段，分别是快速递减阶段、过渡阶段和稳定阶段；与之对应的驱油效率也可划分为三个阶段，分别是快速增长阶段、过渡阶段和稳定阶段。

将压后焖井过程划分为渗吸滤失和带压渗吸两个阶段，建立了两组无因次时间模型，结合致密岩心样品带压渗吸和衰竭式水驱油实验结果，提出了致密油藏压后焖井时间计算方法，取得以下主要认识：

（1）焖井时间等于渗吸滤失阶段持续时间（带压渗吸置换效率达到最大时对应的时间）与带压渗吸阶段持续时间（渗吸滤失阶段压力传播进入稳定阶段时对应的时间）之和；结合岩心尺度带压渗吸和渗吸滤失物理模拟实验结果，以及带压渗吸和渗吸滤失无因次时间模型，可以确定油藏尺度焖井时间。

（2）致密岩心样品中存在气体滑脱效应和应力敏感特征，按照 Klingkenberg

实验步骤，确定克氏渗透率和气体滑脱因子，明确有效孔隙半径随净压力变化规律：孔隙半径随净压力增加逐渐分为快速降低阶段和缓慢降低阶段，临界压力为5MPa。

（3）带压渗吸阶段无因次时间模型在Mason自发渗吸无因次时间模型基础上，引入Leverett毛细管束模型，结合致密岩心孔隙半径随净压力变化规律而建立，修正模型相比于未考虑围压影响的Mason模型，拟合效果更好。

（4）渗吸滤失阶段无因次时间模型在Ma自发渗吸无因次时间模型基础上，通过添加驱替压差项，结合致密岩心孔隙半径随净压力变化规律而建立。

参 考 文 献

[1] Mason G, Morrow N R. Developments in Spontaneous Imbibition and Possibilities for Future work [J]. Journal of Petroleum Science and Engineering, 2013, 110: 268-293.

[2] Mason G, Morrow N R. Developments in Spontaneous Imbibition and Possibilities for Future work [J]. Journal of Petroleum Science and Engineering, 2013, 110: 268-293.

[3] Mason G, Fischer H, Morrow N R, et al. Correlation for the Effect of Fluid Viscosities on Counter-current Spontaneous Imbibition[J]. Journal of Petroleum Science and Engineering, 2010, 72(1-2): 195-205.

[4] Mason G, Fischer H, Morrow N R, et al. Oil Production by Spontaneous Imbibition from Sandstone and Chalk Cylindrical Cores with Two Ends Open[J]. Energy & Fuels, 2010, 24(2): 1164-1169.

[5] Haugen Å, Fernø M A, Mason G, et al. Capillary Pressure and Relative Permeability Estimated from a Single Spontaneous Imbibition Test[J]. Journal of Petroleum Science and Engineering, 2014, 115(Supplement C): 66-77.

[6] Mason G, Fischer H, Morrow N R, et al. Spontaneous Counter-Current Imbibition into Core Samples with All Faces Open[J]. Transport in Porous Media, 2009, 78(2): 199-216.

[7] Mason G, Fernø M A, Haugen Å, et al. Spontaneous Counter-current Imbibition Outwards from a Hemi-spherical Depression[J]. Journal of Petroleum Science and Engineering, 2012, 90-91 (Supplement C): 131-138.

[8] 李帅，丁云宏，孟迪，等. 考虑渗吸和驱替的致密油藏体积改造实验及多尺度模拟[J]. 石油钻采工艺，2016，38(05)：678-65.